ペットたちは死んでからが本領発揮！

ゆるりん坊主とネコ如来の禅問答

高野山真言宗僧侶／心理カウンセラー

塩田妙玄

ハート出版

ごあいさつ

高野山《こうやさん》真言宗僧侶、心理カウンセラー、ときどき執筆家、そして動物保護施設の手伝いをしている塩田妙玄です。このたびは数ある書籍の中から、拙僧の本をお選びくださりありがとうございます。

みなさんが泣きながら天に送ったあの子たちが、大好きなママやパパに何か大事なことを伝えたくて、本書とご縁を結んでくれたのかなぁ……と思うと、嬉しいような切ないような、なんとも甘酸っぱい気持ちになります。

私はペットの生や死に関しての書籍を、執筆・発信するとともに、みなさんと同じく、施設にいる捨てられた子たちのおっかちゃんでもあります。

うちの子が病気になっては、その治療法に逐一悩み、末期の点滴ごとに頭を抱え、うちの子が苦しむと我を忘れてパニックになる。そして天に送るときは、やはりなんとも言えない思いに滂沱《ぼうだ》の涙を流しています。

今、私は東京の「妙庵《みょうあん》」で、個人カウンセリングとペットのご供養、算命学・心理学・生理栄養学の講座をしています。僧侶になる前職のトリマー、ペットライターの知識を生かし、また東京の河川敷近くにあった愛さん（愛称）という高齢男性の旧施設での動物たちのレスキュー体験から、ペット関係の講演会などのお勤《つと》めもしています。

愛さんの施設が自然豊かな三重県に移転したあとも、保護施設のお手伝いを続けているという、数珠《じゅず》よりもうんち取りスコップを持っていつも走り回っている、なんだか落ち着かない生活をしています。

大事なうちの子を天にお返しした、たくさんの飼い主さんとお会いするたびに、みなさんの心の絶叫が聞こえてきます。

「会いたい！　もう一度」「抱きしめたい！　もう一度」「なんでこんなに苦しいことがあるの!?」「もう会えない。悲しい、辛い、心が千切れそう」「もう笑うことはない。もう人生に何も喜びがない」「人生が真っ暗になって何も見えない」

そんなママやパパから懐かしいあの子との物語を聴き、ときには一緒に涙し、ときにはご一緒にご供養のお経をお唱えし、みなさんのおうちの子が、私を伝達のパシリに選んでくれた光栄に報いるよう、今日も施設の子のお世話に明け暮れています。

そんな施設での、たくさんの命のやり取りを私なりに咀嚼《そしゃく》して、また量子力学・生物生命学・原始仏教などの書物から得た気づきを織り込み、本書を『ペットがあなたを選んだ理由』の第3弾として、上梓しました。

本書は死を多角的にとらえ、様々な角度から思考し、私たちが持つ死の概念を壊し、またあらたに構築する。生命の基本であるスクラップ&ビルドをテーマにしています。


本書をお読みくださった方が、「死」という正解が見えない永遠の問いに対して、目隠しをせず、お友達やご家族と語り合い、自問自答するきっかけになったらいいな、と願っています。

どうぞせっかくのご縁です。きっとあなたのあの子が結んでくれたご縁です。今まで思い込んできた常識や道徳の概念をそっと外し、しばし妙玄ワールドにお付き合いください。

ようこそ妙玄ワールドへ

の風景

上：室内も猫ドアから出入り自由。好きな場所で過ごせます。
左：室内と運動場があり遊び場がたくさんのシェルター。
左下：長いウッドデッキは人気スポット。
下：猫が走り回れる広い敷地内の野外（猫は、はんちゃんです）

保護施設

上：20歳くらいの、もみじばあちゃんと桜。猫が走り回れる広い敷地。フェンスには猫返しが付いています。

下：タンポポと桜が舞う中、三重苦（見えない、聴こえない、鼻も利かない）のピースの日向ぼっこ。

目次――「ペットたちは死んでからが本領発揮！」

第1章

私たち飼い主はあの世の目を持つ

飼い主は「あの世の目」を持つ

とある動物病院でのことです。

所用で私は待合室にいたのですが、そのときお隣に老夫婦が座っていました。

お父さんがふわふわの大きなタオルで、こげ茶色のプードルを包んでいました。

その子はオムツをしていて、もう毛のほとんどが脱毛して地肌がむき出し。目も真っ白。寝たきりのようで、首も支えていないと力なく後ろに反り返ってしまいます。お父さんがまるで赤ちゃんを抱くように、片手はオムツを抱えて、もう片方の手は後頭部に添えられていました。

その子の身体は腫瘍が破裂しているようで、体中が黄色い膿《うみ》だらけ。隣に座っていてもツーンとした悪臭が鼻をつきます。70代くらいのお父さんは私を見て「すみません。臭《くさ》いでしょう？　ごめんね」とあやまるので、「いいえ、懐かしい臭《にお》いです。長い闘病を頑張ったうちの子と同じ臭い。懐かしい……。私、その子の匂いが付いた上着を洗えなくて」。

お父さんがにっこり笑いながら「そうですね。こんなに臭くてもかわいいんですよね」と言い、優しくその子をなでて、身体をゆりかごのように揺すりながら「かわいい、かわいい。マリーはかわいいねぇ……」と、もう耳も聞こえないだろう、その子に語りかけるのです。

お隣にいた奥さまも目を細めながら「鼻が通《とお》って良かったねぇ。今晩は眠れるわねぇ」とレースが付いた真っ白いタオルでその子の膿を優しくふき取っていました。

「若いころは遊び程度ですが、ドッグショーにも出てね。本当に元気で美しい子だったんですよ」とお父さんが愛おしそうにマリーを見つめながら言われたので、私が「今は……今は、長い年月をかけて、お父さんとお母さんが磨きあげた宝石ですね。美しい犬から輝く宝石になりましたねぇ」と言うと、ご夫婦とも驚いた表情で私を見つめ、みるみると目に涙がたまっていきました。

（しまった！　泣かせるつもりじゃやぁ）

「宝石。そうだなぁ……かわいいマリーはお父さんの宝石だねぇ」

お父さんは涙声で身体をゆりかごのように揺すって、すっかり赤ちゃんのころに戻ったようなマリーを見つめていました。

お車とその身なりから、かなり裕福そうなご夫婦です。きっとほとんどのものは買える経済力がおありなのではないでしょうか。

でも今、この老夫婦の一番欲しいものは、お金で買えるこの世のものではないのです。

このご夫婦がこの子を送ったときに、私の本を読んでくださったらいいなぁ、私が書いた文章が何か一つでも、このご夫婦のお役に立てたらいいなぁ、そんなことをぼんやりと思っていました。


夏の別荘シーズンごとに見栄えがいい純血種を買って、夏の終わりとともにそのまま別荘に置いてきてしまう人や、病気になったり、年をとったり、環境が変化するとペットを捨ててしまう人、犬や猫に興味のない人から見たら、このお父さんの姿はいったいどのように見えるのでしょう。私が手伝う施設にはそんなふうに捨てられた子ばかりです。

もったいないなぁ、こんな輝く宝石の原石を捨てるなんて。捨てられた子を見ると、いつもそう思います。人の愛や手の優しさを知らない犬猫たちは、ただの原石だと私は思っています。

子猫・子犬のときの姿はかわいいけれど、大きくなったら捨ててしまう、という人がいます。子犬・子猫の現実の生活は、人の言葉もわからない、いけないことも良いことも区別がつかない、トイレは覚えない、加減がわからず噛む、壊す、暴れる、キャンキャン吠える、ニャーニャー鳴く、待てない、要求ばかりで落ち着かない……。そんな意思の疎通もできないような存在です。

もちろん幼児期に、このようなわがままや要求ばかりの時期を、安心して甘えて過ごすことで人間と距離を縮め、少しずつ協調性や社会性を身につけていくのですが、このときの幼い犬猫は、ただ容姿やしぐさがかわいいだけで、まだまだ私たちとのコミュニケーションはとれません。人間とただ飼われているペットの関係だと私は感じています。

そんな石ころを私たち飼い主が年月をかけて、たくさんのことを教えて、一緒に体験して、一緒に遊んで、抱きしめて眠って、ときには抱きかかえて病院に駆け込んで、見つめ合って、なでて、キスをして、そして愛して。そんな日々の中で、この子たちは研磨されていくのだと思うのです。

ただの石ころが削られて、また研磨されて、また削られてこすられて……「大好きだよ」「愛してる」そんな言葉が伝わるようになるのです。

そんな年月を重ねる中で、「この子が言葉を話せたらなぁ」「この子は何を伝えたいのかなぁ」私たちはそんなことを思うのです。ですが私たちは日々、さりげなくこの子の言葉や気持ちをくみとり、要求に気づき、自分では意識せず会話をしているのです。

「お散歩？　今、行くからちょっと待ってて！」「おしっこ？」「気持ち悪いの？　ゲーしたい？」「オヤツね！」「洗い物終わったら、遊んであげるから」

この子のいうことは何でもわかるようになるのです。だって、私がこの子のママ（パパ）だから。

さらに年月を重ねて、ふわふわだった被毛がパサパサになり、耳が遠くなり始め、粗相《そそう》をするようになり、階段の段差を踏み外し、目に濁りが見えたころ、意思の疎通もなかったただの石ころが、いつのまにか何でも通じ合える仲になり、気がつくと光り輝く宝石になっているのです。

私たちにとってダイヤモンドにも似た輝きを放つのです。

いくらお金を出しても買えない、「信頼」「絆」「情愛」「無償」そんなものが育って混ざり合って、私が育てあげた、私だけの宝石を私たちは持つのです。

見た目は、ただの年老いた犬や猫。毛はぱさぱさで背中も丸く痩《や》せています。ときには粗相をするので、お尻は汚れたままかもしれません。おやつの音を聞き逃さなかった耳はもう何も聞こえないのかもしれません。美しくキラキラ光る瞳にはもう何も映っていないのかもしれません。なのになぜ、私たちにはこんなにも大切で愛おしいのでしょう。それは、私たちが「あの世の目」でこの子たちを見ているからだと思うのです。

この世の目では、形があるものしか見えません。目の前にいるのは、よぼよぼになった老犬・老猫です。

この世の鼻では、粒子が運ぶ肉体の成分しかかげません。目の前で匂うのは、黄色い膿や排泄物が放つ悪臭です。

この世の耳で聞こえるのは、音源がある声だけです。目の前の子は、もううめき声しか発しません。

この子はそれだけの存在でしょうか？　よぼよぼで臭くて汚れて、もう何も伝えることもできない存在でしょうか？

違うんです。私たちはこの子に限り、この子限定で「あの世の五感と六感」を持つのです。

『デスノート』（漫画）でいうところの「死神の目」（人の寿命が見えてしまうという、あの世の目）のようなものを私たちは持つのです。

あの世には身体を持っていけません。

お洋服もご飯も持たせてあげられません。

私たちがあの世に持っていけるのは「人格」と「記憶」「やってきたこと」だけ。言ったことはカウントされないのがミソですね。

そんな形のない魂の世界。お金もネット環境も、家も洋服も地位も権力も、何も持ってはいけないのです。

魂の世界といわれても、私たちはピンときません。だって私たちは物質の世界に住んでいるのですから。ですが実は、私たちはこの物質の世界で、この子を通して形のない世界にすでに足を踏み入れているのです。だってこの子とは言語による会話がないのに、私たちはうちの子の言っていることがわかるのですから。

私とこの子の間にあるのは、お出かけ用の車や、おうち、冷暖房、病院代と、物質世界のものもありますが、愛情、絆、この子の言葉や思い、命、健康、笑顔、一緒に眠ること、癒やし、抱きしめる幸せ……。そんな形のないもの、お金で買えないもの、そんなことに私たちは重きを置くのです。

この子を通じて、まさに物質では幸せを測れない、そんな世界にいるのです。私たちは物質の世界にいながら、そうでない世界にもいるのです。

死んだら今度は本当に、形や物質のない世界に行きますが、私たちは今、生きながらこの子を通して、「あの世の目」「あの世の鼻」「あの世の耳」を持つのです。

「あの世の目」はこの子の衰えた身体ではなく、この子の魂、本当の姿を見ることができます。それはなんとかわいらしく愛らしい姿でしょう。それは私たちが長い年月、守って愛して、石ころから研磨した光り輝く宝石。私たちにはこの子のダイヤモンドの輝きが見えるのです。

私たちにとって、この子は年衰えた犬猫ではなく、鮮やかに光を放つダイヤモンド以上の宝物に見えるのです。

「あの世の鼻」はこの子の汚れた膿の臭いではなく、この子が放つ魂の匂いを嗅ぐことができます。それはなんとかぐわしく愛らしい匂いでしょう。それは一生懸命に生きている命の匂い。「死なないで。愛してる」そんな私の思いに、懸命に応えようと頑張っている匂いです。私たちにとってこの子は悪臭を放つ末期の犬猫ではなく、いつも私を慰めてくれた優しく温かい、懐かしい匂いのままです。

「あの世の耳」はこの子の声にならないうめき声ではなく、この子が私に伝えたいことが聞こえます。あの世の耳でよく聞くと、それは「こうして欲しい」とか「あれは嫌だ」そんな恨み言は聞こえてきません。聞こえてくるのは「ママ、大好き。そばにいたいわ」「パパ、大好きだよ。ずっと抱っこされていたいよ」「おうちがいい。帰りたい」そんな言葉です。

私たちを恨むような言葉、愚痴るような言葉なんて出てきません。聞こえるのは必死に、ただ、ただひたすらにママやパパを乞《こ》う言葉です。

信頼や情愛、絆はここまで育つと、立派な宝石になるのです。私たちにとっては、かけがえのない宝物。私たちは石ころを宝石に磨き上げることを通して、全てをかけて愛することを学ぶのです。

この世の中にこんなに愛おしいものがあったのか。

この私がこんなにも何かを愛することができるのか。

この私がこんなにも誰かのために泣くことができるのか。

そんな人生を学ぶのです。そして、私たちはこの子を通して、この世に自分が生まれてきた意味を知るのです。

「私でもこんなに誰かの役に立つことができるんだ」

人生とは誰かが誰かの役に立つこと。そうしてお互いを支え合うことで社会は成り立っている。そんなことをあの子を通して学ぶのです。

誰かを愛し、誰かに愛され。笑って泣いて、喜んで苦しんで。その喜怒哀楽を体験する中で、人として磨かれ、また誰かの役に立つことを知るのです。

多くの人が「愛って何？」「愛するってどういうこと？」そんなことを人生に問います。「何のために生まれてきたの？」「なんのために生きてるの？」そんな疑問を自分に持ちます。

うちの子を宝石に磨き上げてきたみなさんになら、簡単にわかる答えです。「私の人生はなんのためにあるの？」こんな問いに、「この子と出会うため」ではダメだろうか？

「私はなんのために生きているの？」こんな問いには、「この子のお世話をするため」そんなシンプルで正直な答えではいけないだろうか？

私たちはこの子を通して愛を知る。刹那《せつな》を知る。悟りや諦観《ていかん》に似たものを知るのです。それは「愛って何？」「愛するってどういうこと？」多くの人が問い続ける、そんな問いに対する答えを私たちは持つのです。

私たちはこの子を通じて人生で愛と刹那を爆発させ、その醍醐味を学び、極意を知ります。私たちの人生での極意と醍醐味。それは実はとてもシンプルなことだと私は思っています。

そんなことを大人だけではなく、次世代をになう子供たちにも、犬や猫と暮らすという適任を通じて、伝えられたらいいなぁと思っています。

マリーのお父さんのような価値観を得たら、人生での目的や、やりたいことが変わってくることでしょう。お金を得ることだけが人生の目的でなく、人と比べる人生ではなく、自分自身が「ああ、幸せだなぁ……」と、しみじみと感じることができる。そんな人生を送れるのではないでしょうか。

スタンド・バイ・ミー

以前、施設にはミックスの大型犬、コロというお母さん犬がいました。

コロは河川敷のホームレスさんが長年飼っていた犬で、年月を重ねその老ホームレスが癌《がん》で亡くなってから、施設代表の愛さんが15歳で引き取った犬です。

（コロのお話は拙書『捨てられたペットたちのリバーサイド物語《ストーリー》』にありますので、ご一読ください）

施設に保護されてから数年間、穏やかな晩年を過ごし、18歳くらいになった頃、肩から脇腹にかけて、ボーリングの玉のような腫瘍ができたのです。

末期的な症状ながら日々穏やかに過ごしていたコロ。病院に連れて行った帰り、遊歩道

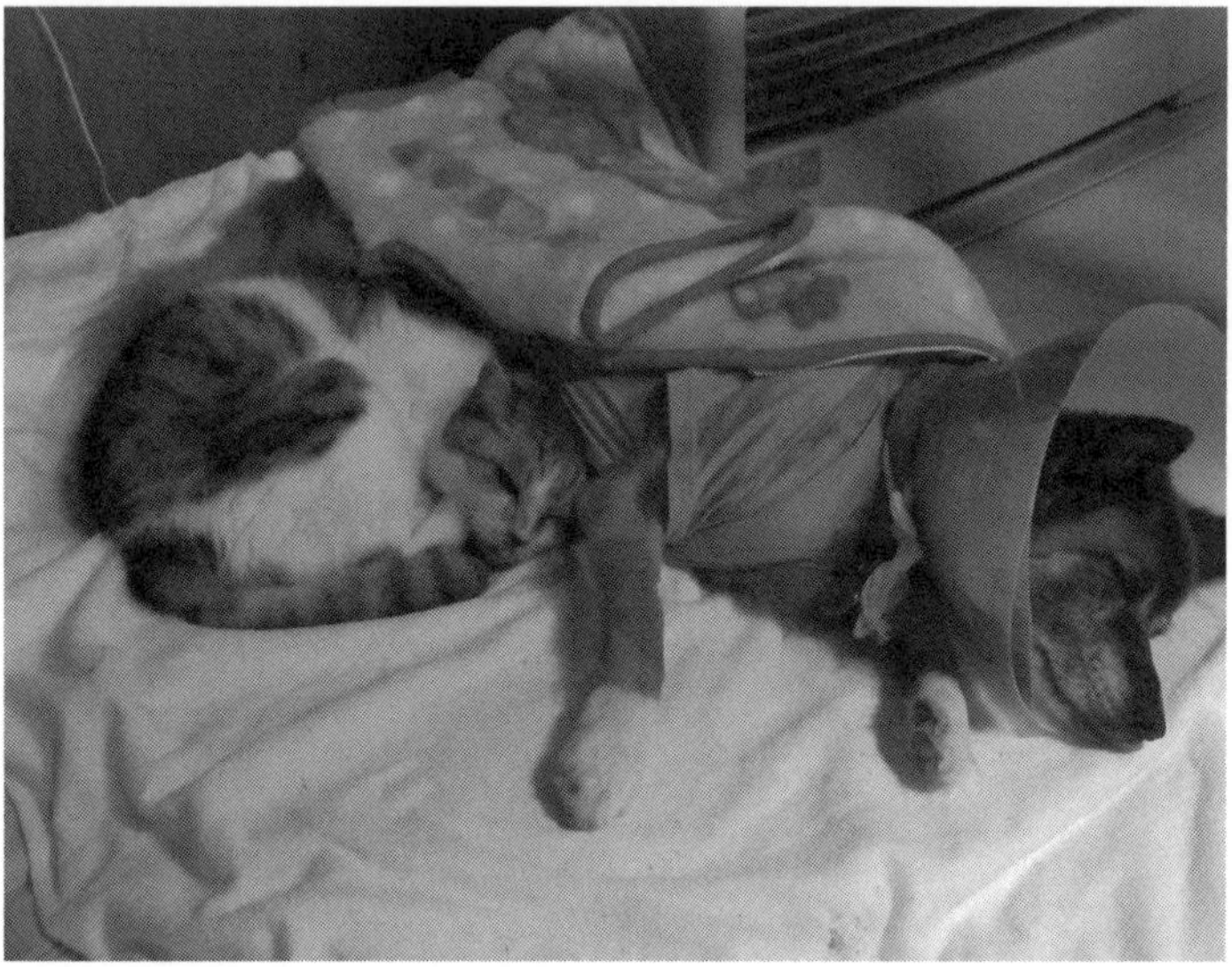

大きな腫瘍切除手術を３度も頑張ったコロ。猫とも仲良しで本当に良い犬でした。

で散歩していたら、紺のブレザーを着た男の子が近寄ってきました。年のころは小学1年生くらいでしょうか？　この男の子は、コロをじっと見つめて、少し考えてから「触っていいですか？」と言うのです。

「いいよ、触ってあげて。でもね、この子はとてもおばあさんなんだ。人間でいったらもう95歳くらいなんだよ。それで、今重い病気だから、優しくここのところを触ってね」と言って、コロの腫瘍がない顔の当りを指さした。

その子はコロをなでながら「ふ～ん。この犬、死んじゃうの？」と言うので「うん。そうだよ」と正直に答えました。この時点でもうコロが長くないことは、腫瘍の大きさと増殖の速さからわかっていたことだから。

「死んじゃうのに、なんで散歩してるの？」とその少年が私に問いかけました。

私はその質問の意味を逡巡していた。その子の言葉の真意がわからなかったから。それは「死んでしまうほどの病気なのに散歩をするのか？」なのか「死んでしまう犬なのに散歩が必要なのか？」という意味なのか。

私が考えつつ答えようとしたとき、「卓也（仮名）！　汚いから触っちゃだめよ！　感染《うつ》ったらどうするの！」という金切り声がしたのです。真っ白なブランドのツーピースを身にまとった、ゴージャスな巻き毛が美しい母親が遠くから叫んでいます。少年はしぶしぶとコロから手を離して母親の元に行くと、母親は少年に文句を言いながら、彼の手をグイグイ引いて行ってしまいました。

私はあの少年にこう言いたかったのに。

「なでてくれて、ありがとう。犬もなでられると、自分が大切にされてるってわかるんだよ。いつ、この犬が死んでも私が後悔しないように、この犬が望んでいることをしてあげるんだよ。この犬はね、ず〜っと私のそばにいてくれた私の大事な友達なんだ。私の宝物なんだよ」

この言葉をあの子に届けたかったのに。あきらかに病気とわかるコロを触りにきてくれたあの少年は、これからいったいどんなことを、あの母親から教わるのだろうか。誰か心ある大人がこの少年に、私たちのような「あの世の目」を持つ感動を教えてくれるのだろうか？

この世にいながら「あの世の目」というものを持つこともできるのだと、この少年が知るチャンスが来るのだろうか？

私たちがうちの子に向ける情熱と刹那、そんな生《せい》の醍醐味をこの子はどこかで学べるのだろうか？

いくらお金を稼げるようになっても、買えないものがあるということ。それは決してきれいごとではなく、私たちが真剣に何かを愛したとき、そして愛したものが苦しんでいるときに、私たちが神や仏にすがるように願うのは、お金や地位、権力では得られないものばかりだと。

どうか病気のコロをなでてくれたあの少年が、マリーがもらったような深い愛情を、誰かからもらえますように。

私たちの人生ではお金を持たなくとも、ダイヤモンドの輝きを放つ宝石を持つことができるのだと、誰か心ある大人が彼に教えてあげられますように。

私たちはこの世にいながら、あの世の目を、耳を、鼻を持つことによって、この世にいながら、あの世のものを手に入れることができるのだと。

次世代の子供たちに、またうちの子を亡くして今、泣いている誰かにそんな確かな希望の光が届きますように。


願わくば、大切な子を亡くしてイバラの道を通り抜けてきたあなたが、そのお役目の一翼を担えますように。

第2章

初めての子からは無知を学ぶ

失敗だらけの初めてのうちの子

あなたが初めて飼った「うちの子」とのこと、覚えていますか？

それはあなたがまだ幼い頃だったのかもしれないし、今の子とダブった時期にいてくれた子なのかもしれません。初めてのペット。初めてのうちの子。わくわく、ドキドキしながら迎えた子。

かわいがってあげたい！　そんな気持ちと裏腹に、私たちはこの子に多くの後悔と懺悔《ざんげ》を持つように思えます。だって、初めてのペットですから。いくら犬や猫の本を読んだり、ネットで調べても、経験値がないからわからないことだらけ。よかれと思ってやったことが、かわいそうなことをしてしまっていたり。病気のことだって、何が異変で何が普通なのかも、よくわからない。

今の私なら気づいてあげられた「ママ、お腹痛いよ」のあの子の言葉。そんな言葉もわからなかった、犬猫初心者のあのころの私。

ネットや専門書で勉強したのに、それが間違った情報だったり、裏目に出たり。今の私だったら……、あのときの自分に突っ込みどころが満載です！

私のもとには初めての子に対する、たくさんの後悔と罪悪感を待つ人が訪れます。

「子猫を拾って、喜ぶからと人間の食べ物ばかりをあげて病気にさせてしまって。なんて馬鹿だったんだろう。どうしてもっと勉強してあげなかったのか。悔やんでも悔やみきれません」

「初めて犬と暮らしたので病気になったのも、すぐに見つけてあげられないで、気づいたときは手遅れだったんです」

「今なら絶対やらない、あんな事故で亡くすなんて。当時の自分を私は絶対許せない」

みなさん、初めての子に対する懺悔を抱えて、泣いて自分を許せないと訴えます。

初めて一緒に暮らすペットに対しての罪悪感や後悔の多くは、知識不足によるものが多いのではないでしょうか？　知らなかったこと。よく考えてみたらわかったこと。気をつけていたら防げたこと。

どんなに愛していてもペットは私たちと違った身体のしくみや組織、思考回路を持っています。

そんな私たちお互いが幸せに生活していくには、気合と情熱だけでなく、相手の生態に対する勉強や知識は必要不可欠。どんなにかわいがっていても、わんこが欲しがるからとジャーキーや人間のお菓子ばかりを与えていたら病気になります。にゃんこが欲しがるからと、干物をあげていたら、これまた病気になるわけです。

初めての子には執着とともに、たくさんの失敗もするのです。

かわいがりたかったのに、愛していたのに、私の無知があの子を苦しめてしまった。良かれと思っていたことが、反対にあの子の負担になっていた。

私たちはそんな無知や経験不足から、初めて飼った子にはたくさんの後悔を抱えがちです。そんな思いを持つ皆さんを代表して、私の未熟な体験談をカミングアウトさせていただきます。

かわいがっていたつもりの飼い主

幼いころから動物が大好きな私と違い、両親は生き物が大嫌い。なので、幼いころの私は近所で犬を飼っているおうちを訪ねては、犬の散歩をやらせてもらっていました。

高校を卒業するという時期、私の大病をきっかけに、念願の犬を飼ってもらえることになったのです。私がずーーーっと飼うと決めていたのは、ブルドッグ。小年誌の漫画で活躍するブルドッグを見て、恋い焦がれていたのです。

今思うとブルドッグは、わんこ初心者が飼う犬ではないのですが。

初めての自分だけの犬。それも短吻種《たんふんしゅ》の子犬は本当にかわいいのです。長年の夢であり、待ち望んだ念願の自分の犬を手に入れた私は、サンダーと名づけたその子犬に夢中になりました。

まだ10代だった私は自分なりに犬のことを勉強し、購入先のペットショップに飼育の仕方を聞きに日参したり、犬の本などをたくさん読んだりしたわけです。ですが、両親は動物嫌い。私は未成年の犬初心者。それも短吻種という、高度な健康管理が必要な難しい犬種です。

まだ犬はペットショップで購入し、飼うのは屋外という社会認識の時代でしたので、あんなに暑さや湿気に弱く、寒さにも弱い犬種を、立派な犬舎とはいえ外飼いをしていたのです。

サンダーはアメリカチャンピオンの直系で、当時はそれが自慢の種。フードも初めは勧められる高級フードをあげていましたが、そのうち10キロ１８００円という米俵のような大袋に入ったドッグフードをホームセンターで見つけ、与えるようになりました。

１頭しかいない犬なのに、そんな粗悪なドッグフードをあげていたなんて。どんどん酸化・劣化をしたのだと思います。それでも「なんだ、安くても同じに食べるじゃない」と家族間で言っていたのです。

サンダーはそれしか与えてもらえなかったから、それしか食べるものがなかったから食べていただけなのに。このときの10代の私はフードの中身なんて考えもせず、また教えてくれる大人もいなかったのです。

動物病院に車で行くときも、ケージに入れて安全に固定して、急ブレーキや急カーブは厳禁で、などの知識もないので、バンの後ろにそのままサンダーを乗せたもんだから、カーブのたびに、サンダーが右に転がり、左に転がりとするわけです。それを母と私は「サンダーが転がって遊んでるよ！」とか笑って見てて……。

足が短く頭が大きい、ただでさえ安定の悪い、呼吸をする気道が潰れている犬種にとっては、どんなに苦しかったことでしょう。まるで拷問のような時間です。なのに当時の私はそんな彼の苦しさに気がつかず、サンダーが転がって遊んでいるのだと本気で思って、笑っていたのです。

酸化した（すえた）フードだって、食べたいはずがありません。短毛種のサンダーは夏は暑さと湿気にあえいで、冬は寒さに震えていたことでしょう。

もう今の私がタイムスリップできたら、怒髪天を衝《つ》く怒りで、その親子（当時の私と母ね）に泣きながら殴りかかっていたでしょうね。そのあまりに無知な行為を罵倒しながら。

こう書いてても、あまりの感性の鈍さに、あまりの馬鹿さ加減にはらわたが熱くなります。

今思うと悪気がある・ない、知識がある・ないにかかわらず、ブルドッグにとっては虐待まがいの飼い方です。いえ、こういう飼い方は犬にとっては「虐待」になると私は思うのです。

サンダーのイメージ

当時の私はすごくかわいがっていたつもりでした。ですが、その「つもり」は子供を虐待する親が「しつけのつもりだった」、妻に暴力を振るう夫が「愛情表現のつもりだった」そんな感覚と同じです。

パワハラ、モラハラ、セクハラの当事者が「俺のしたことは違う！」と、自分の方向からしか物事を見れないがために、相手がどう感じるかを無視した結果と同じです。

虐待であるかないか、暴言や暴力であるかないかは、それをしている側が決めることではなく、受けている側が感じることです。必要以上に自分を責めるのは、かえって物事の真意を失います。ですが、現実に行われた行為は公平にジャッジする必要があります。そのジャッジは同じ過《あやま》ちを繰り返さないように、何が原因でそうなって、どうしたら良かったのか、を考える材料にするためにあるのですから。

当時の若い私の犬の飼い方はとても残酷なものでした。少なくとも今の私から見たら。

サンダーは8歳で肝臓がんが破裂して亡くなりました。

お腹が異常に腫れていたので通院し、亡くなる前日も病院には行ったのですが、何でもない、という診断。肝臓がんが破裂するまで、病気を発見できないような病院にも、疑問を持たずに通っていたのです。

ただでさえ、いつも呼吸が苦しく寿命が短いブルドッグに、適切な空調も与えず、あんな粗末な生活やエサ（ご飯じゃなくてエサでした）しか与えず。あんな重症の病もわからない病院に通い続けていたなんて。飼い主が若いからなどは関係がありません。

サンダーは苦しかったのだから。ずっと、ずっと、ずーーーっと！

母は動物が大嫌いな人ですが、「うちの子だけ」はかわいがってくれました。そんな母は、サンダーの話になると何十年たっても、いまだに泣いてくれるのです。「サンダーは本当にかわいそうな飼い方をした。あんなにいい子だったのに。当時は犬の飼い方もわからないから。サンダーには本当にひどいことをした」と。

反対に、サンダー亡きあとに一緒に暮らしたしゃもん（ハスキーのオス。モデル犬でライターの私の相棒）に関して母は「しゃもんの死は、悲しくもなんともない。あんなに世話をして大事にした犬はいないと思うから。なんの悔いも思いもない。そんなしゃもんに比べたら、サンダーには本当に悪いことをした」。

母は、サンダー亡きあと、よくサンダーの夢を見たと言います。どんな夢かというと、お花畑を白くて大きな犬と一緒に、笑いながらサンダーが走っている夢だそう。ちなみにしゃもんの夢は見るのか聞くと、「まったく見ない。しゃもんは、あれ以上してあげられることがない、という毎日だったから出てくる必要もないんじゃないの」と言うのです。

私はサンダーのことを思うと、当時の無知な若い自分に、怒りばかりがこみ上げてくるのです。サンダーに対する懺悔の気持ちと、自分の馬鹿さ加減への怒り。今もってその怒りは消えることがありません。ですので、初めてのうちの子を亡くした飼い主さんのたくさんの後悔と罪悪感は痛いほど、苦しいほどわかります。

「ふくちゃんがいつも食卓の食べ物を欲しがるから、ずっとあげていたら、まだ4歳なのに末期の腎不全になってしまって」

「車が大好きな犬だったので、どこにでも一緒に連れて行きました。真夏にバッテリーが上がって車内で亡くなっていて。すごく苦しんだ顔でした。なんであんなに長時間待たせたのか。あの苦しそうな顔が忘れられない」

「生きていて欲しくて、嫌がるあの子に過剰な医療をしてしまって、嫌がって痛がって、病院で死なせてしまった。どうしてあんなひどいことをしてしまったのか」

はじめての子からは無知を学ぶ

私たちは初めから、何でも知って生まれてくるわけではありません。やったことがない、まったく未知のものに対して私たちは脆弱です。

私たちの人生は、ドラクエのゲームのように、初めは何もわからない丸腰の主人公。長い旅の中で、さまざまな経験・勉強を通して学びながら、失敗をしながら経験値を上げて、知識や知恵、力をつけていくのです。そして、ついにはラスボスと戦えるように成長し、何かを救っていくのです、自分以外の何かを。

わかったふうな知識、中途半端な情報、わかったと思ってわかってないこと。そんなたくさんの失敗や後悔。そんなことを教えてくれる初めて飼った私たちの大切な子。

人生を快適に過ごさせてあげなかった後悔。短い寿命なのに、美味しいものも食べさせてあげなかった懺悔。暑さ寒さの管理もしてあげず、かわいがったつもりで苦しめていたという数々の失敗。早期に見つければ治った病気にも気づかず、良い病院にも連れて行ってあげられなかった。獣医師への疑問も聞けず後悔が残る。何十年たった今でも。

そんな飼い主と同じだった私の一番の懺悔は、勉強不足で彼の行動を観察もせず、言葉も聞こうとせず、犬は強くしつけるもの、従わせるもの、そんな間違った知識で彼を扱ったということです。

サンダーの死後、私は自分の至らなさに気がつき、猛烈な後悔に自分を責め続け、そして、「サンダーは私に無知だったことを教えてくれたんだ。私の無知はサンダーをあれほど苦しめ、かわいそうな飼い方をして、幸せとは言えない人生を送らせたのだ。あんなに長年恋い焦がれた初めての私の犬だったのに」そんなふうに思えてきたのです。

サンダーの死から、私たちの人生では失敗が罪なのではなく、失敗したことに気づかないこと、勉強できる場にいながらも無知であること、それが罪である。そんなことを学んだのです。そして無知や未熟さは他者を傷つけるということを。さらに無知は何かを傷つけたことにも気づかなかったりする、ということも。

無知や未熟さの罪は今も、世界中で起きています。ネットリンチ、人種差別、領土争い、環境破壊、野蛮な慣習や儀式、弱者への虐待、戦争……。無知や未熟さはそんなことにもつながっているのです。

私が幼い頃から飼いたくて飼いたくて飼いたくて、やっと飼えた犬だったのに、彼の生涯を不幸なものにしてしまった。でも、彼はその不幸な人生を送ることで、私に無知の大罪と未熟さが起こす愚行を教えてくれました。彼がそこそこ幸せな人生を送ったならば、私はそんなに反省も後悔もなく、サンダーの人生について、さして考えもしなかったと思うのです。

初めての犬が教えてくれることは、私たちのこれからの人生での大きな課題と指針になるのではないでしょうか？　それが「ペットがあなたを選んだ理由」の一つであるとともに。

そして、その失敗や後悔を次の子に生かしていく。初めての子たちはそんな次世代につなげるお役目も、あるように私は感じています。

サンダーにしてあげられなかったことを、次の子には全力で全てしてあげたい！　そんな思いでサンダー亡きあと、ハスキーのしゃもんと暮らし始めました。サンダーへの懺悔は、しゃもんへと受け継がれ、そんな私の一投入魂、全てをかけたしゃもんのお世話はサンダーへの贖罪《しょくざい》でもあったのかもしれません。

私とうちの子から法縁の世界へ

しゃもんはハスキーで、生まれつき病弱。

私はとにかく猛勉強をして、しゃもんを室内で飼い始めました。当時はまだ、大型犬の室内飼いは常識的ではなく、周囲からはいろいろ言われましたが、私は頑《がん》として譲りませんでした。サンダーの失敗を繰り返すわけにはいきません。彼の死を無駄にしたくなかったのです。

私はしゃもんの生活の快適さ、彼を幸せにすることにとことん没頭していきました。（しゃもんとの話はハート出版から数々出ているので、ぜひお読みください）晩年は高度医療も受け、私の1日は仕事をしているか、しゃもんの世話か、短い睡眠かの3区分で構成されていたものです。とにかくこれ以上のことはできない。これ以上できることはこの世に存在しない。しゃもんのお世話は、そんなところまで突き進んでいきました。サンダーにできなかったことを、全てしゃもんに尽くしたのです。

ですが、しゃもんに尽くすほど、サンダーへの贖罪にはならず、しゃもんに比べて、反対にサンダーにはかわいそうなことをした、そんな気持ちも湧き上がってくるのです。

私はしゃもんを通してでなく、サンダーにやってあげたかったのです。

暑い日にはクーラーの部屋に入れ、寒い日には暖かい部屋で、たっぷりの肉汁のお肉にお刺身、無添加のジャーキーにヤギのミルク。そんな食事をさせてあげたかったのです、サンダーに。

そして、サンダーの声を聴いてあげたかった。丁寧に、聴き洩らさずに。

そんなことを考えながら、自分より大切なしゃもんを亡くすと、またハタと気づいたことがあったのです。世の中には、私が当たり前のようにしゃもんにしたことを、何ひとつしてもらえないで死んでいくペットがたくさんいる。

ゴミと一緒に捨てられる子猫。殴られ身動きのできない短い鎖につながれ続ける犬。狭いケージに閉じ込められ、延々と妊娠させられる繁殖用の犬や猫。多頭飼い崩壊で共食いする猫。動物実験の犠牲になるたくさんの生命。そしてサンダーのように無知な飼い主にかわいがっていると錯覚され、ひどい飼い方をされている多くの犬猫たち。

そんな地獄にいる犬や猫がたくさんいるのに、しゃもん1頭に莫大なお金と時間をかけていいのだろうか？　この不幸な子たちに私は何もしなくていいのだろうか？

かつての私のような無知な飼い方をする飼い主から、サンダーのように苦しんでいる子たちに、手を差し伸べることはできないのだろうか？

「何もできない」なんてことがあるわけがありません。私は日本で基本的な教育を受け、健康で動ける身体を待っているのです。こんなとき、私はいつも自分に問います。

私は「できないのか？」「やらないのか？」と。

私たちは自分自身に対して、その答えをはっきり自覚する必要があると思っています。

そんな疑問をグズグズとくすぶらせながら、しゃもんの死がターニングポイントになり、私は縁あって河川敷近くの愛さんの施設（高齢の男性が自費でやっている犬猫保護施設）に通うようになったのです。

それが現在に至るまで10年たった今も続く、濃密なボラ活動の事始め。

保護施設では常に死が身近にあります。緊急のレスキューがあり、過酷で命の瀬戸際の状況の動物たちと向き合う現実がある。ここではサンダーにやってあげられなかったことを、そしてしゃもんに注いだ全精力とありったけの愛情を、今度は不特定多数の子に注ぐことができるのです。

サンダーが死して教えてくれた無知の罪や、犬の適性な飼い方や知識。その教えはしゃもんに受け継がれて生かされていきました。

また、しゃもんが私に残したものは、愛を分けていく、幸せをシェアしていくという奉仕の精神でもありました。

彼らから学んだことを書籍や講演会で発信していると、たくさんの同じ経験をした人から気づきのお礼や新しい発見があった、などのご報告を続々といただくことになったのです。

私が失敗から学んだことが多くの方の役に立つということは、サンダーのかわいそうな死もまた、意味と目的があったことになります。それは私にとっても救われる現象です。

このような奉仕を実行していて実感することがあります。


「愛は分けていくとどんどん増える。幸せはシェアすると倍々になる」


そしてもうひとつの特性は、与えた分量が多くなって自分に返ってくるということです。与えていたら、もっと自分がもらっていた。なんだ、私は他者に尽くしていたのではなく、私は私に尽くしていたのか……。そんなことも大いなる発見でした。

サンダーにやってあげられなかったことを、存分にしゃもんにやっていて、私はある重大なことに気がつきました。サンダーを通して気づいたこと、それは私がこの人生でやりたいことの一つだったのではないか、ということです。

それは、かつての私のような無知な飼い主への啓蒙と、そんな飼い主のもとで苦しんでいる犬猫たちのレスキューがしたいという思いです。

そして今、私は保護施設で縁あった犬猫のレスキューをし、乳飲み子を育て、多様な介護をしてきた経験を活かし、その内容をブログや書籍で発信したり、講演会で伝え続けています。不幸な子に手を差し伸べたい、と情熱に燃える仲間を増やすためにも。

私の手はどうやっても2本しかなく、脳みそも1個しかない。しかし100人の仲間が各地で決起すれば2本の手は200本の手となり、100個の個性的な頭脳が活動するのです。また100人それぞれの支援者や仲間ができたら、もう手も頭脳も無限大！

それらはサンダーの過酷な人生がなければ、その死を持って無知を教えてくれなかったら、何も始まっていなかったのです。私のサンダーへの後悔の気持ちは、初めてのうちの子に対する後悔の気持ちを持つ方々の投影なのかもしれません。

私たちが初めての子に対して、失敗してしまった数々の出来事、あやまりたいこと、やり残したこと、そして自分に向けて、あの時の私を許せないという、共通の思い。

うちの子を亡くさなければわからないことがある。なぜなら、魂はそんな状態にならないと着火しないから。安穏とした穏やかで幸せな日常生活の中では、決して気づかなかった「あの子が私を選んだ理由」——。

うちの子たちは、私たちが望む「私とこの子だけ」という境界を越え、「奉仕の喜び」とか「幸せを他者にシェアする」とか、そんな法縁の世界に私たちを連れていってしまうのです。より広くもっと大きな世界へ。

はじめての私の愛犬へ

サンダーへ

あなたのおかあさん（私）は、あなたを苦しめたこと、辛いことばかりの耐えることばかりの、決して幸せといえない短い犬生を送らせてしまったことを、とても悔やんでいます。猛省の意味をこめて、あなたのように、無知な飼い主の元で今、苦しんでいる犬や猫の少しでも助けになりたくて、愛さんの施設で保護活動を続けています。

サンダー、私ね、当時の馬鹿な私からあなたを救ってあげたかったんだ。

辛い生活をさせてごめんなさい。幸せにしてあげられなくてごめんなさい。

せっかく私のところに来てくれたのに。

たくさんのたくさんのたくさんのごめんなさいをあなたに伝えます。

そして、私の無知を教えてくれてありがとう。

私の未熟さをその人生を懸けて教えてくれてありがとう。たくさんのことを教えてくれたあなたに、ごめんなさいより多いありがとうを伝えます。

私たち飼い主たちが、あなたたちから学んだことを今日も一つ、他の誰かのために生かせますように。

私のサンダーとあなた（読者）の初めての子に　合掌

妙玄

第3章

野生が教える命のサイクル

自然のサイクル

都会の河川敷近くにあった旧施設と異なり、移転した現在の施設は自然豊かな田舎にある。水辺ではサギやトンビが飛び交い、背後には豊かな森を背負う。この土地では鳥や、シカ・イノシシ・タヌキ・イタチ・モグラ・リス・ハクビシンなどの野生動物、ヘビ・カエル・トカゲなどの爬虫類や両生類、そして大小さまざまな虫たちが主役である。自然と共存しながら生きる野生たちに混ざって、捨てられた猫たちが、またはその猫が産み落とした子ねこたちが、過酷な生を必死に生きている。

そんな自然が主役の土地では、住宅地とまた違った動物たちの生への攻防戦が、今日もまた繰り広げられている。

たとえば、福島の原発事故後、無人となった地域に残された猫たちに、ご飯を届ける保護活動。長年そんな活動を続けている方々の大きな苦労の一つは、持参したご飯を猫たちに食べさせることだという。置きエサは、猫が食べる前にイノシシ・タヌキ・イタチという強い野生動物に順に食べられてしまい、猫の口に入らないということも多い。

とくにイノシシは雑食で、大きな個体は100kg以上になる。目はさほど良くないが嗅覚に優れるイノシシは、食べ物の匂いがすると空き家のドア、網や柵を壊して侵入し、洗濯機の中に隠しておいたキャットフードを、洗濯機ごと転がして奪い取るのも朝飯前。イノシシはかなりの怪力なのだ。福島では猫に置きエサを与えるために、階段状のエサ台を設置したり、監視カメラで野生動物の動向を調べたりと、活動家たちの試行錯誤が続いている。

当施設でも広い敷地の設備を作るときに、頭を痛めたのはイノシシ対策。

施設内は常に猫たちのご飯の匂いがプンプンと匂う。その施設の周囲を囲む高額な特注フェンスに突進されてはたまらない。電気柵などメンテナンスが必要なものは、愛さんと私の二人交代の施設ではとても無理。

しばらく様子を見ていると、イノシシはフェンスを壊してまで侵入することはないとわかった。しかし夕方になると、フェンスの周りには、イノシシたちがフゴフゴと穴を掘り、玄関を開けると大きなイノシシや、子連れのイノシシ親子があわてて走り去っていく、なんてことが施設の日常の風景である。

イノシシの赤ちゃんは、身体に野菜のウリのような筋があることからうり坊と呼ばれ、お母さんイノシシの後を、ちっちゃな身体で一生懸命ついて歩くその姿は本当に愛らしい。

そんな野生動物たちの出現は、動物好きな愛さんや私を大いに喜ばせてくれる。施設設備に被害がなければ……なのだが。

施設周辺の森は、雑食であるイノちゃんたちの食べ物は豊富にある。あけびや果実、木の実など木から落ちてくるもの。山芋など地中に埋まっているもの。水気を含んだ土壌にはミミズや虫なども多い。

そんな豊かな自然の中にある施設では、フェンスの外の敷地の一部を犬猫たちのお墓にしている。亡くなった子たちはこの森の一部に埋められ、森の土壌と同化していく。土葬なのだが、この肥沃な土によりかなり早く土に戻っていく。亡骸を埋めた上に愛さんが太めの幹でやぐらを組んで、花や線香、好物だったご飯が添えられる。そして私が読経をする。

そんな光景が施設で亡くなった子の弔いであった。

しかしあるとき、お墓に行くと全てのやぐらが倒されて、花も線香もお供えもあたりに散乱し、お墓にはいくつもの大きな穴がポッカリと空いていた。

初めは何が起こったかわからず、「えっ？　えっ!?　うちの子たちは??　うちの子の体

施設で亡くなった子たちのお墓、土葬された亡骸は森の土壌と同化していく。

は？　なんでお墓に大きな穴が空いているの？」と、ただオロオロと狼狽するばかり。

「あっ！……、イノちゃんに食べられちゃったんだ!!」

イノシシは雑食の上、悪食で、なんでも食べるといわれている。

なんでも食べるといっても、まさか、まさか、うちの子が！　大事なうちの子がイノシシに食べられたなんて……。

東京都心で生まれ育った私には、想像しがたい衝撃の事実。

絶句したまま、愛さんとしばらくお墓にたたずむ。ぽっかり空いた穴をボーゼンと見つめながら頭は真っ白。

しかし、しばらくして冷静になってよ〜〜く考えてみると、そもそもここはイノシシたち野生が先住。後から来たよそ者は私たちのほうで、しかも動物好きの私たちは、野生で生きるお母さんイノちゃんや、よちよち歩きのうり坊との遭遇をとても楽しみにしているではないか。

亡くなった動物の身体は他の動物の糧《かて》となり、その個体の生や出産を助ける。イノちゃんたちは、有史の頃からの自分たちのサイクルで生きているだけ。そんな体験を目の当たりにして、私の死生観がずいぶんと、自然とかけ離れてしまっていることに気づかされた。

イノシシに食べられたお墓の大穴を見ていると、「ああ、またきれいに食べたな」そんなことをしみじみと思う。それからの私は、道でうりちゃんに遭遇するたびに興奮していた。食べられたうちの子たちの亡骸は、イノシシの身体に移り、再び私の目の前に現れたのだから。

「あの大きいうりちゃんは、大きいピースを食べた子じゃない!?」

「あのどんくさいうり坊は、ゆきちゃんかな?」

「あの勇敢な子は、あおいだよ。あおい！　あおちゃん！　おかえりー　あおいぃー！」

どんな形であれ、うちの子が実際にまた戻って来てくれる。それだけでなんだか嬉しいのだ。私たちも自然のサイクルにちょびっと入れてもらう。

しかし愛さん的には、「そうなんだけど、亡くなってすぐ食べられるのは嫌だ」と、お墓にこれでもかというくらいのブロックを積む。なんだかそのほうが埋められた亡骸が重そうなんだけど……。それでもイノちゃんはやすやすとブロックをのけ、うちの子が脱いだ体を食べていく。


ある日、愛さんがお墓の周りにイノシシ避けの薬を大量にまいた。するとイノシシが来なくなったかわりに、マムシやヤマカガシといった毒を持つヘビが増えて、フェンスの間から施設内に入って来るようになった。イノシシは毒ヘビも食べるのだ。

フェンスから侵入してきたマムシに噛まれて、17歳の高齢犬・クロが亡くなった。施設の実害という意味では、当然イノシシより毒蛇のほうが脅威となる。

イノシシはうちの子の抜け殻を食べて、さらに周辺の毒ヘビを食べてくれる。まるで、うちの子のお古を食べたお礼に、私たちを毒ヘビから守ってくれているようにも感じる。

自然界の食物連鎖の輪は、まったく素晴らしいバランスでできている。そんな自然界での絶妙なバランスを壊すのは、いつの時代でも、どこの国でも私たち人間だ。

うちの子を土には埋めたが、イノシシには食べられたくない。それはこの全ての生き物が共生し合って生きる豊かな自然の中において、極端にバランスを欠いた自分本位な行為にうつる。よく考えれば、たとえイノシシに食べられなくとも、土中の虫や細菌、微生物に食べられ分解されていくのだから。

この土地での自然のサイクルを私たちがコントロールしようとすると、そのバランスは崩れ、また別の不本意な死が増えるのだと私は知らされた。イノシシ避けをまいたがために、マムシに噛まれて死んだクロのように。

あるとき、掘られたお墓から、猫の下あごがのぞいていた。真っ白な骨で歯もきれい。

「ああ、イノちゃん、食べ残したんだ。食べるならキレイに食べてくれないと」

そんなことをつぶやきつつ、その綺麗な下あごを見つめる。

「こんな歯がしっかりついているのは、クリームかな」

ＦＩＰ（猫伝染性腹膜炎）で亡くなったクリームの最後まで立派だった姿を思い出し、そのお骨を埋め直す。またそのとなりには、大型犬だったコロの頭蓋骨も土から飛び出ていた。

「ああ……コロ。真っ白で綺麗なお骨だね。骨も分厚くてしっかりして。イノちゃん食べられなかったんだ。さすがに硬いか……」

そんなことをつぶやきつつ、頭蓋骨をなでる。

しかし、こうも自然と一体になっているお骨を見ると、悲しいとか切ないとか、そういう感情にならないのだ。確かに見つけた瞬間はドキリ！　とするのだが。

通常、ペットたちは亡くなると火葬にされる。火葬になったお骨はもろくなり、あまり原形をとどめない。また、土葬にしても掘り起こす人はいないので、私たちはうちの子のしっかりと原形を残した頭蓋骨や、土中の生物に分解されていく姿も見ることがない。

久しぶりにうちの子の原形と再会すると、その綺麗な頭蓋骨の周りは、イノちゃんの食べ残しを小動物や鳥、さらに虫や細菌、微生物に食べ尽くされた感じで、特にうちの子という感慨はなく、なんというか、本当にうちの子は昇天して逝《い》って、これはただの入れ物なんだ、そんなふうに思えた。

命の循環と輪廻

以前、ケニアにキャンプに行ったときに、水牛が死にかけている場面に遭遇したことが

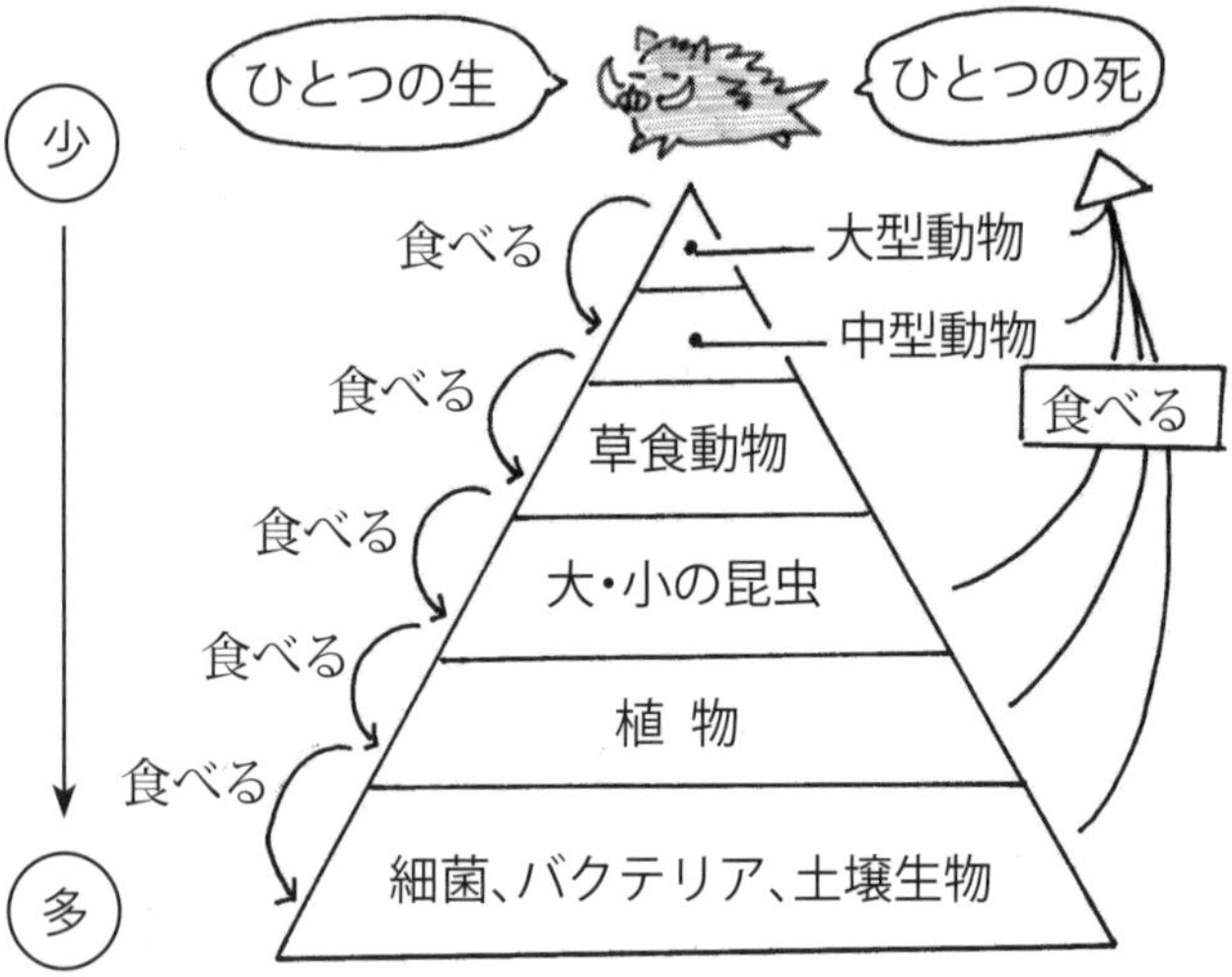

ひとつの生がたくさんの生物を食べ、ひとつの死はたくさんの生物に生命を与える

ある。その周りにはハゲタカが集まってきていて、死にかけている水牛を突つく。そのたびに死にかけている水牛は「まだ生きてる！」と言わんばかりに、渾身の力でしっぽを振り、頭を上げる。そうするとハゲタカは一歩引くのだが、水牛の周りをウロウロと離れない。それはまるで「早く食べたいね。まだ死なないのかな？」「お腹空いたね」「早く食べて帰らないと、うちの子がお腹空かせて待ってるわ」……そんな会話をしているようだった。

　この世界はそんな食物連鎖で成り立っている。

自然の中では無駄な死は一つもないと言われる。一つの死はたくさんの命たちの糧となるからだ。

しばらくしたら水牛は死に、まずは一番乗りのハゲタカに食べられるだろう。次に匂いを嗅ぎつけた中型の肉食獣に食べられ、小型の獣に食べられる。また彼らは巣穴で待っている幼子に、その糧を運んでいく。

さらにさまざまな種類の甲虫がやってきて、その次にはハエやアリが続く。何百万もの虫たちが、水牛の死に卵を産み付けるのだろう。

一番最後に細菌や微生物が、わずかに残った肉片を食べながらその組織を分解していく。1頭の獣は集まったたくさんの生物に、ゆっくりゆっくりと命を分け与えながら、さらに栄養分を含んだ土へと姿を変えていく。次は植物たちの栄養分となるために。

またそこで成虫になった甲虫やハエたちは、水牛の細胞内の電子を自分の体内に取り込み、大空に飛び立っていく。

生前は飛べなかった空を水牛は飛ぶのだ。

一つの死が何百万もの生を助け、出産を援助し養育を育む。

死とは本来忌《い》むものではなく、自分以外の命に豊穣を産み出すものなのだ。私たちもまた誰かの命をいただくことによって、生かされているように。

体も出る。

施設の周りでもそんな小宇宙が存在する。

野良猫たちが赤ちゃんを産むと、中にはトンビやワシ、カラス、イタチに食べられる個体も出る。そんな場面を私たちが見つけたら、やはり「なんて惨い！」と思い、大急ぎで襲われている赤ちゃん猫の保護をする。しかし角度を変えて捕食する側から見てみると、捕食する動物たちトンビやイタチにも、また赤ちゃんが待っているのだ。そして捕食した次の瞬間、今度は自分たちが捕食される側になったりする。

これは本来、犬や猫たちも例外ではない。犬が猫を捕食し、猫がウサギや鳥を捕食するのはごく自然な食のあり方だ。私たちが持つ「うちの子」への感覚は、そんな自然のあり方から遠く離れてしまったが。

豊かな自然はそんな食物連鎖の絶妙なバランスの中で成り立っていて、生物たちはその中で自然淘汰され、生きていける数が調整されていく。野生では死が特別なものではなく、誕生と同じように生を繰り返していく通過点に過ぎない。

だから本来自然に任せておくならば、犬や猫達は生殖制限をしなくとも、増えて増えてということにはならない。もはや野生でなくなった彼らには、人の手による生殖制限が必要となり、不妊手術が施されないと、人間社会と共存できなくなってしまった。犬や猫達を人為的に野生から切り離し、今や人の手なしでは、生き抜くことが困難になった彼らの人生を、私たち人間は引き受ける責任がある。

さて、カラスに襲われる子猫をレスキューする私たちだが、本来自然界で動物たちの一番楽な死に方は、どのような死に方だと思われるだろうか？

ものすごく意外なのだが、野生において一番楽な死に方は「捕食死」であるという。上手な捕食者に捕まれば、ほぼ一撃で即死に近い状態で死ねる。残酷な死に方には違いないのだが、捕食死は絶命するまでに、何時間もましてや何日もかからない。

野生動物や飼い主を持たない犬猫たちの死は、たいていが病気や怪我が原因で、じわじわと長い時間をかけて弱っていく。ケガも大ケガでない限り、患部が化膿したり感染症になったり、歩きづらくなったりした場合、死ぬまでにじわじわじわじわかなりの日数がかかる。病気もしかり。凍死や飢餓もすぐには死ねない。その間、痛く苦しい死へと向かう時間が数週間～何か月ものあいだ続くのだ。

動物たちは「自殺をしない」し、野生には薬も治療もない。病気をしてもケガをしても、老齢になり弱ったら最後、他の生き物の糧となる。天寿を老衰と定義するならば、自然界では天寿をまっとうすることなどできないのだ。

そういう意味で動物たちは生の長さに囚《とら》われず、今をどう生き抜くかに全力をかける。そこには「少しでも長い時間うちの子を生き永らえさせたい」という私たちの常識と、また別の死の見方がある。

動物に限らず生物たちは、与えられた環境の中で限られた生をただ生きる。その生で優先すべき順位はほとんどの生物間で「食べること」と「次世代に子孫を残す」ということだ。生物たちは子孫を残すことに精力をかけ、短い寿命を生きる。みな自分だけの生で完結することなく、子孫に自分の遺伝子を乗せ、命のバトンを渡して行く。それは万物共通のサイクルであり、そうして自分たちの生を次世代につなげているのだ。

自分の生が次世代につながることをまるで知っているかの如く、まるで死が終わりではないことを知っているかのように、生物たちは死を意識せず、潔く今を全力で生きている。

しかし、生殖が生の優先順位でなくなったのが、私たち人間とうちの子たちだ。その守られた生は決して短いものではなく、また生き急ぐ必要もなくなった。生き急ぐことがな

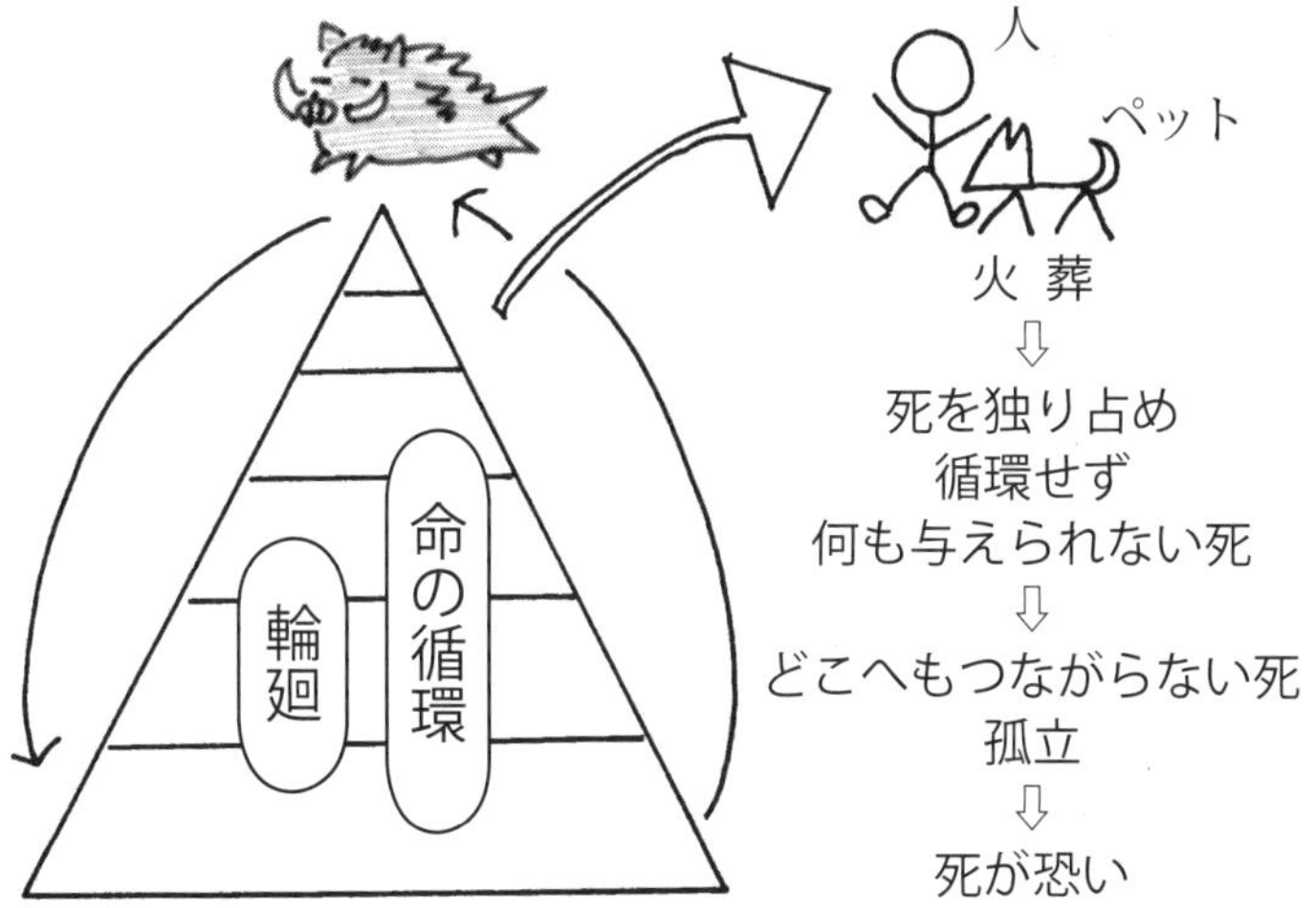

万象の法則から逸脱した人とペット。死が特別なことになってしまった。

くなったうちの子に、私たちはより執着するようになったように私は思う。
それは生が長くなったこと。そして、うちの子の命がどこにもつながらない。死後に受けるバトンがない。そんなことがうちの子を亡くすことへの、絶大なる恐怖を演出しているような気がする。

うちの子の身体。それだけが、あの子がこの世に生きていた証になってしまうから。

命の循環と輪廻《りんね》。遺伝子が次世代に運ぶバトン。そんな食物連鎖の小宇宙から唯一逸脱したのが人間とペットたち。
自然界で無駄な死は一つもない。しかし、

文明を手に入れた人間を捕食するものは、自然界には存在しなくなった。人間、そしてうちの子の身体は死して火葬し灰にしてしまい、使い終わったその身体さえ、何者へも分け与えなくなった。生の役目が終わり、その豊穣であるべき死は何者の糧にもならなくなった。

だからこそ、私たちは極端に「死」をおそれ「生」に執着するようになったのではないかと私は思う。

動物たちが他の命を食べて命をつないでいるように、私たちもうちの子もまた何かの命を食べて生きている。しかし、スーパーに綺麗に並んだ食材からは、命の名残りは感じられない。かつて生きていたものたちの命を感じないで、私たちは命を食べる。そこにもまた、何ものへもつながらない関係性がある。

犬が猫を捕食することや、猫がうさぎを捕食すること。イノシシがうちの子の亡骸を食べることは、眉をひそめるほど野蛮なことで、私たちが命を食べることは野蛮ではない。そんな論理と現実社会に私たちは生きている。

人間とペットたちは食物連鎖の輪からだけでなく、輪廻の輪からも逸脱してしまったように思う。

豊穣であるはずの死は、ただ恐怖の存在となり、どこにも循環させず輪廻もさせない。それは森羅万象のサイクルからの逸脱を意味し、分断と孤立感を生むのだと私は感じる。自然界のサイクルから外れた私たちは、自分たちで生と死の意味を構築せざるを得なくなっている。有史の歴史から自然が作り上げた、万象のサイクルに対抗することに私たちは挑むのだ。その不自然さの中には死への恐怖があり、生の長さを追い求め、より一層生に執着していく。そんな付加価値を生み出す。

だって、死んだうちの子はどこにもつながらないのだから。死んだら終わってしまうのだから、終わってしまったらもう会えないのだから。

私たちが持つ生へのもがきや混乱、死への恐怖。うちの子の命への執着。それはこんなところに大きな源泉があるように思う。

私たちはうちの子を送って、生まれ変わりや魂の行き場所を懸命に探すのだが、何が本当で何が本当でないのかわからない。

有史以前から育まれてきた自然のサイクルから外れ、自分たちでうちの子の死の意味を模索するのは無理がある。私たちはどこにもつながらず、私とうちの子という世界にとどまってしまう。

うちの子のお骨も現状では焼かなければならず、誰にも分け与えないまま、私たちの手の中にある。だからこそ「私が」この子の全てを抱えているように錯覚し、うちの子の命の長さや逝き方も「私が」決めたいと願う。

少しでも長く一緒にいたいし、幸せに生きて、眠るように逝かせたい。

そのような私たちの願いは、森羅万象や神の領域にさえ挑戦しているように思う。

「この子とずっと一緒にいたい」。ただただ、それだけが私たちの願いなのに。

私たちにとってはささやかな願い。それをうちの子たちは、死した身体を活用し教えてくれる気がするのだ。

ソレハ　ムリナ　コトナンダヨ

私も昔、自分の犬からそのようなことを教えてもらったことがある。

昔あるとき、しゃもん（ハスキー　♂）が雪山でハンターが破棄したシカの肝臓を見つけた。（動物の内臓の破棄は違法なのだが）しゃもんは大喜びで雪に埋まった、その大きな冷凍肝臓を夢中でほおばり、残りを丁寧に雪をかいて埋めていた。

次の週に同じ雪山に行くと、真っ先に肝臓を埋めた場所に走っていき、自分が埋めたカチカチに凍った肝臓を掘り起こして、喜々として続きの食事をし始めた。興味深いことに食べ残しの肝臓は、またものすごく深く穴を掘って埋めるのだ。他の動物に盗られないように。自分がまた来た時に食べられるように。そんなことを4週続けた。シカの肝臓は死後1か月たっても、まだ他の生き物の役に立っているのだ。

亡骸は焼いてしまうと、その命の恩恵を誰にも分けることはできないが、このまま春が来たらまた何百万もの極小の命が、そして植物たちがその肝臓の恩恵を受け、その中で生命活動を始めることだろう。

輪廻の中の死は悲しみというより、一つの死がたくさんの他者を生かすことを知る。そこにあるのは悲しみでなく恵みであり、感謝であると感じることができる。生を終えた生き物たちが、また形を変えて還ってくる。シカの肝臓も姿を変える。その土地に生きるタヌキやネズミ、甲虫やハエ、野の花となっていく。

生命はスクラップ&ビルドを選ぶ

以前、アメリカのインディアン居住地で出会った老インディオ。齢90歳くらいらしいが(年齢は本人も不明)痩せて褐色の肌。背筋が伸び、歯も真っ白。まるで映画に出てくるようなインディアンのよう。かたや孫たちは、安価な精製小麦と粗悪な加工チーズをたっぷりかけたジャンクフードばかりを食べ、みな極度に肥満していた。

砂漠の自然の恵みで生きて来た、インディオたちの食生活は激変していたのだ。老インディオはこんな話をしてくれた。

「わしの祖先は自然の大地とともに生きてきた。生も死も自然の中にある。精一杯生きて、子を作り死ぬだけだ。動物や植物たちと同じさ。なのに孫たちはそんな自然から切り離されて生きているから、あんな不自然なものを食べ、病気の身体になり、おかしな考えを持つようになってしまった」

老インディオは苦々しい表情を浮かべた。

「おかしな考えって、どんな考えなんですか?」そう問うと、

「生と死は同じ分量なのに、生ばかりを考える。生ばかりを考えるから死ぬのが怖い。人間は自然から外れると、生と死が切り離され死を恐れるようになる。そういうふうに生き

ると、生き方を誤る。命の長さにだけこだわり、どう生きるかを忘れる」

老インディオにもっともっと話を聞きたかったが、「もう行ってくれ」と言わんばかりに手を振られてしまった。

自然が豊かな場所にいると、人間でもこの命のサイクルの端っこに置いてもらえる気がする。そう考えると、うちの子たちが捨てた体を食べているイノちゃんに対して、自然と感謝の念が湧き起こる。イノちゃんがうちの子たちを自然のサイクルに戻してくれて、また形を変えて私たちの元にあの子を還してくれるのだから。

都会にいると、この命のサイクルや食物連鎖の世界など考えもしない。生と死は分断されまったく別のものになる。

そんな不自然な流れの中で、私たちは生ばかりにしがみつき、うちの子の死は恐ろしくて、怖くて、悲しいだけのものになってしまう。

私たちは永遠にこの子と一緒にいたいと願うのだが、もし一つの命が死なずに生き続けていたら、私たちはうちの子から何を学んだのだろう？

うちの子とずっと一緒に暮らし、病気にならないよう、苦しいことがないよう、そんな人生が続いたら、私たちはその人生でどんなものを得るのだろう？　うちの子さえいればいいという人生。その人生はどこにつながり、何を生み出すというのだろう。それは死を火葬して誰にも渡さず、独り占めにするように、傲慢な世界観であるように私には感じる。

かつて私は自分がそうだった。しゃもんさえいれば、人生で他に欲しいものなんて何もなかった。しゃもんの命を足せるなら、他の犬の寿命さえ買い与えたかった。

あの時代にクローン技術があったなら、過去の私は何をしても挑んでいたのだと思う。私は死からもしゃもんを呼び戻し、フランケンシュタインのようでもいいから、この世でまた一緒にいたかった。良心なんていらない。倫理なんて知らない。あのころの私はそんな考えだった。

良かった、まだそんな技術がない時代で。本当に良かった。実際に何かやらかさないで済んで。今、つくづくそう思う。輪廻のサイクルから外れるとはこういうことなんだと、今気がついた。

私たちが人生や命、他者との関わり、心からの感謝や恩恵を本当に感じるのは、うちの子の病気や死を通してだ。

うちの子の病気や死を体験して、私たちは様々なことを苦しみの中で泣きながら学び始める。自分一人で生きているのではないということを、ただ愛するという幸せがあるということを。あの子が生きているときには決して学べなかったことを、あの子の死を通して私たちは学んでいくのだということを。

しゃもんが生きているときは、その生に執着するあまり、あやうく人でないものになるところだった。そんな私が、しゃもんの死があったからこそ、今こんな文章を書いている。しゃもんが死ななければ、私は正気を失ったままだったように思う。


生物は死という破壊と誕生を繰り返し、進化をしてきたのだという。

生命は次世代に活動を続けていく。そのためにスクラップ（破壊）＆ビルド（構築）を選ぶ。

サケは生まれた川に戻り卵を産み、力尽きて死ぬ。そのお母さんサケの身体は水中のプランクトンのエサとなり、その死体の周りにはプランクトンが大量に発生する。プランクトンは、お母さんサケの死後、孵化した赤ちゃんサケが食べる最初のえさになるのだ。親が子に残す命のバトン。動物たちの命はそうして輪廻の中で、スクラップ&ビルドを選び循環していく。もしかして、だから彼らは死に怯《おび》えて生きないのかもしれない。死は終わりではなく、生と死は循環していくことを本能的に知っているのではないだろうか?

だから、生物たちは子孫を残すことに人生をかける。

だから、生物たちはただ「今」に集中して生きている。

では、そんな輪廻から飛び出てしまった私とうちの子たちは? あの子の命をどうしたらつないでいくことができるのだろう?

つながれ! あの子の輪廻のバトン

私たちが乞ううちの子への思いは、たとえあの子が残した実際の子孫でもダメなのだ。あくまでも子供は子供単体に過ぎず、私のあの子そのものではないのだから。

だからなくなってしまう、うちの子の身体でもなく子孫でもなく、あの子の精神や魂と感じるものを次世代につなぐ必要があるのではないかと私は思う。なぜなら、次世代に自分の遺伝子をつなげていく、というのは生物に埋め込まれた本能であり、個体の存在意義であるからだ。であるにもかかわらず、それが分断されるから生命が循環しない。つながるバトンがないということは、全てが終わってしまうという視点にたどり着く。命がつながらないとはそういうことだ。しかし遺伝子は身体だけの専売特許ではない。精神や志にも遺伝子は組み込まれている。

何も、身体の遺伝子を残すことだけが輪廻ではない。

次世代へ渡すバトンは、精神性でもいいのだ。それでもその子が生きてきた証は生き続ける。歴史の聖人たちは家系を残さなくとも、その精神は後世に受け継がれているではないか。死後、いまだに多くの若者の生き方に感動と情熱を与え、各分野であとに続く者たちの指針になっている。聖人たちの精神性は今もなお、生き生きと躍動感を持って輝いている。

私たちの記憶に新しいところでは、アフガニスタンの銃弾に倒れた中村哲医師。彼がアフガニスタンの砂漠を緑に変えた功績は、世界中の人に感動と勇気を与え、彼が残した精神のバトンは、たくさんの次世代の若者に渡ったのだと私は思う。

特筆すべきは彼らは神でも仏でもなく、実在したただ一人の人間であり、持っている体の機能は私たちとなんら変わりはない。彼らは超能力を持った人間ではなく、長い長い間ちりを積み上げて山と成してきた、ただただ忍耐と実践をしてきた努力の人に他ならない。

その姿に感動した人々が、魂が震えた人々が「あとは俺が！」「私がやるから！」そこに命のバトンがつながる。そこに輪廻の輪ができるのだ。輪廻の輪に組み込まれると恐れより、やりたいことが優先される。死が終わりではない、と気づくから。

死も生も循環していくので、死を恐れ生にしがみつくのではなく、形ある肉体ばかりに執着するのではなく、あの世の目で自分の人生を見られるのだと私は思う。失いたくないとか、もっと生かしたいとか、死が怖い、死んだらもう会えない。そんなピンポイントの焦点から、生と死をつなげたもっと大きな視野に入り、輪廻の輪が見えてくる。

そんなふうに死を俯瞰《ふかん》し多角的にみると、忌むもの、悲しいものとはまた別の姿が見えてくる。命の輪廻から外れた私たちもうちの子も、また輪廻の輪に組み込まれていくことができる。そうしてまたうちの子の精神を生かし、私たちも何かを成し遂げていくことができるのではないだろうか。

私たちのあの子が生前教えてくれたたくさんのこと。無償の愛、愛する幸せ、愛される幸せ。命のバトン。

あの子から教えてもらったたくさんのことは、私たちを通じて他の命を生かす活動へと形を変える。

水牛が死んでハゲタカに身体を運ばれるように、施設の子が死んでイノシシに形を変えて戻ってくるように、亡くなったうちの子たちの精神もまた、私たちを通して誰かの役に

輪廻の輪に戻るために、うちの子から受け取ったものを他者に渡して(循環)いく

立ち、新しいステージへとかけ上がっていく。

とても小さなことでも、一つのことでも、あなたがあの子から託されたバトンを誰かに渡し続けることができるのだ。それが、あの子を思う私たちの役目であり、私たちがあの子の「死後生」を生かせる最上のことだと私は思っている。

私たちの執着が、死んだあの子の魂を自然のサイクルから逸脱して孤立したままにさせないために。あの子の魂を自然のサイクルに戻し、また輪廻の輪に戻して循環し生き続けていけるように。

そして形を変えて、またこの世で私の元へ帰ってくるために。

第４章

スペシャルな子が導く人生の秘密

スペシャルな子と寿命の関係

私にとってこの子だけは特別！　あなたにそんな出会いはありましたか？　この子のためならなんでもできる。そんなダイヤモンドの輝きにも似た存在。私にとってそんな存在は、数多く関わった犬猫たちの中でも、唯一しゃもんというハスキーのオスです。ブルドッグのサンダー。猫のはんにゃ。そして長い時間を共有している施設の犬猫、うさぎたち、どの子もみんなたまらなく愛おしい。ですが、しゃもんだけは違うのです。しゃもんだけは何か特別。私にとって愛おしいを超える何か、人と犬という種を超える何か、スペシャルな感じがするのです。

子犬の頃から共に過ごし、彼が持って生まれたハスキーの能力を全て使わせてあげたい。そんな思いを込めて訓練を入れて、一緒に山でキャンプしたり、またライターとモデル犬として長いあいだ一緒に仕事もして、プライベートはもちろんのこと、私たちは1日の大半を一緒に過ごしていました。

しゃもんは頭がいいとか性格がいいとかというよりも、なんといいますか、自他とも認める仙人のように、何かを達観したような不思議な犬でした。彼は仕事の相棒であり、プライベートのパートナーであり、人生の教師であり、私を夢中にさせる人生の全てであったのです。

生まれつき肝臓に奇形を持ち、12年半の闘病生活。末期には体中にがんが転移して、生の最期は安楽死でした。私のしゃもんがなんで安楽死だったのか？　その答えを長年探していたような気がします。自分が納得できる答えを。

ライターとモデル犬で全国を取材した頃

今までずっと一緒に過ごしていたしゃもんがいない季節を過ごす中で、折に触れ「ああそうかぁ、こんな意味もあったのか」「こういうとらえ方もあるのかも」など、と、しゃもんの死の意味について自分なりに気づくことがいろいろとありました。

どうしてもしゃもんの死に対して、自分が納得できる何かが欲しかったんだと思います。長い年月がたっても、しゃもんは私の中で変わらずスペシャルな存在です。

そんな自分なりに気づいた、しゃもんの安楽死の意味に関しては、いろいろな書籍や漫画に書き、また講演会などでも発信してきました。

その内容は安楽死の正誤とか、是非を問うものではありません。それは安楽死を決めた直後から、安楽死のその瞬間、そしてしゃもんの死後、時間の流れとともに変化していった感情や気づきを、多くの人に伝えるためにあったのだと今では思っています。

書籍や講演会でのその発信は、とてもたくさんの方が安楽死という特殊な死に対して向き合い、考え、ご家族間で話し合うきっかけとなったようです。それは正解を求める議論ではなく、私たちがそのことに対して、考え悩み苦しみ、最後に精一杯の選択をしたのだと、自分を許せる救いになったらいいな。そんな思いを込めて伝えています。

そのような体験談を講演会で話すたびに、会場からすすり泣く声や、小さな嗚咽が聞こえてきます。当時のなりふり構わないしゃもんに対する熱情は、多くの方がご自身とダブらせ、みなさんの何か心の琴線に触れるのでしょう。

「私のしゃもんはこの特殊な死であったことで、死後18年がたってもみなさんのお役に立つことができるのです。彼はそのことを伝えるために、安楽死である必要があったのです」

そんな私なりにたどり着いた答えを発信しています。

18年も前に死んだ犬でありますが、それでもこうして話すとまるで今、起こっているかのように感情が高ぶります。そんな「私にとっての過去の話」は、「みなさんにとっては、この瞬間に聞いた今の話」になるのです。

私たちは同じ空間で異なった時間軸を共有していることになります。そこは過去と今がつながった空間となるのです。

それはあたかも、しゃもんの死がとても新鮮なものであり、生前と同じに、まだ一緒にいるかの如く感じることがあります。

そのような体験から、時間とは「過去↓現在↓未来」と一方通行に過ぎるものではないと説く、不可思議な量子力学を学び始めました。

私たち人間は過去↓現在↓未来といった時間軸が一般的です。

うちの子が生きていた（過去）↓うちの子は亡くなってしまった（過去）↓うちの子はもういない（現在）もう会えないから悲しい（現在の思い）↓未来に会えると思いたいけ

ど、ほんとうに会えるのかわからないから未来も悲しい（未来）。
過去は過ぎ去って変えられないもの。未来はまだ来ていなくてわからないもの。私たちはそんな時間認識を持ちます。犬猫たちが病院行きや治療を嫌がるのも、「これをしたら未来に治る」という考えをしないからです。ですが私たち飼い主は「これをしたら未来に治るのだから、今我慢しようね」と、今に近い未来を信じてうちの子を諭すのです。
そんな私たちの時間軸の視点を、一般的な子の時間軸を例にして見てみましょう。

『12年間一緒に暮らした子を送り、その後5年たった現在という例』

てが同時に存在している→

17年前の過去 うちの子誕生、出会い。
←
6年前の過去 11年間の幸せな日常。
←
5年半前の過去 苦しがる病気の子の治療、看病のつらい日々。
←
5年前の過去 うちの子が12歳で亡くなった。
←

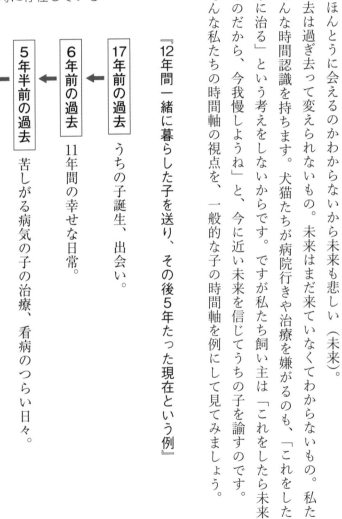

←ここから、ここまでは過去から未来へ時間が流れるのではなく

うちの子の死後の過去

うちの子との出会いや死の意味を探し始める。

←**現　在**

（うちの子の死後５年）苦しみの中から、うちの子との関係性（日常の大切さ、教わったことなど）に気づき始める。

←**現在の思い**

うちの子に繋がる何かがしたい。うちの子の生と死を発信したい。自分と同じようにペットロスで苦しんでいる人の役に立ちたい。

←**未　来**

うちの子のメモリアルのブログやインスタ、同じ病気でペットを亡くした人とのオンライン交流会を立ち上げた。

←**未来の思い**

あの子があの病気になり、あの苦しい看病の日々があったからこそ、多くの人とつながり、シェアできた。うちの子の人生が死後もだれかの役に立ち続ける。

←**17年前の過去**

うちの子の誕生と出会いがあったからこそ、この人生、出来事があった。（初めの17年前の過去とつながる）

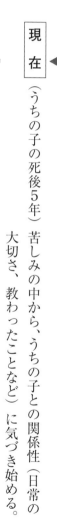

また、しゃもんの人生を例にとると彼の人生の目的の一つが、「安楽死という特殊な死の意味を、多くの人に発信すること」だとしたならば、彼の寿命はただ長く生きることが目的ではなく、その目的に応じてベストなタイミングで「死」が決められるのではないかと思うのです。

そんなふうな理論づけを事実と照らし合わせながら追っていくと、未来と過去がつながっているのがわかります。正確に表現するならば、過去・現在・未来は同時に存在しているからこそ、ひとつの人生が完成することになります。

仮にしゃもんが20歳という最高齢の老衰で亡くなっていたら、過去が変わると同時に未来もまた同じタイミングで変わっているからです。どこかが一つ変わっても寿命を含め、人生の目的など全てが変わるのです。なので「過去＝現在＝未来」これは同時に存在＝ワンセットになっていないと、その人生で起こった出来事すべてが成り立たなくなるのです。

ある意味しゃもんが、私たち飼い主が理想とする老衰を迎えたとしたならば、未来のこの書籍に特筆する内容でもないし、講演会で声を震わせて語る内容でもないのです。

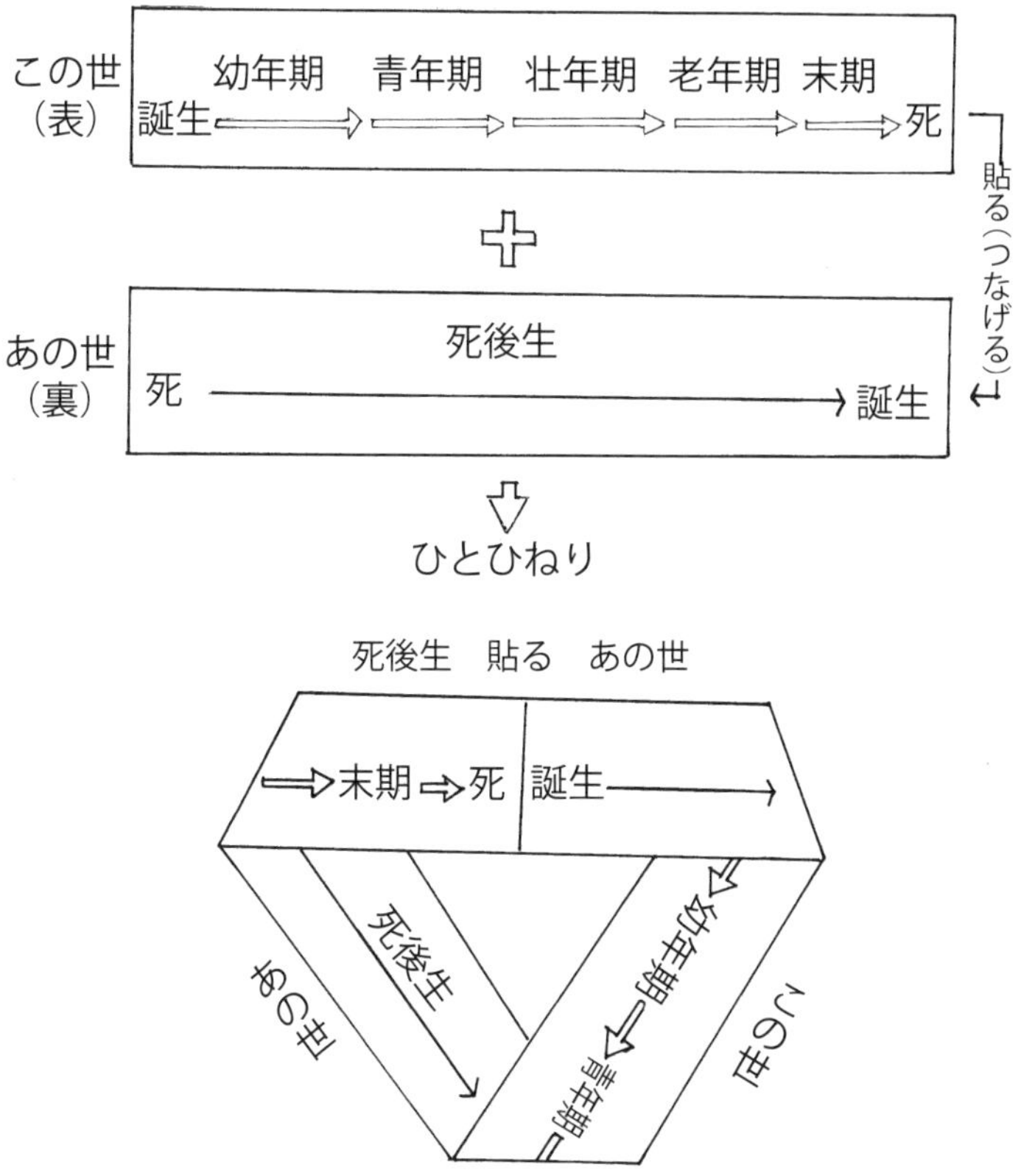

私たちは若くして亡くしてしまったうちの子に対して、5歳までしか生きられなかった、まだ10歳だったのにと嘆きます。ですが、しゃもんの人生同様、その子の人生もまた過去＝現在＝未来＝過去と、未来と過去、死と生が同時に存在しているのだとしたら、その子は短命だったのではなく、それが

その子の人生のタイミング＝寿命だったことになります。

例えば、行き倒れていたところを保護したのに、必死の看病のかいもなく死んでしまったかわいそうな子。でもその子はそんな姿にならなければ、あなたに見つけてもらえなかったのです。元気に走り回っていた子なら、あなたはその子を保護しなかったのではないでしょうか？

誰かが先にこの子を見つけ、手厚くされながら里親募集をしていたならば、あなたは引き取っていなかったかもしれません。行き倒れていたからこそ、あなたはこの子に手を差し伸べたのだと思うのです。

この子はそんな姿になっても、たとえ短い命と引き換えにしても、だれかに愛されてみたかったのだとしたら？　だとしたら、その子の人生の目的は達成されたのです。そんな姿になって、たとえ数日でも、あなたのおうちの子になれたのです。手厚く看病されて、抱きしめられて、「死なないで」と自分のためにあなたが泣いてくれたのだから。

この子の人生の目的が長生きではなく、「愛を知る」ことだったとしたら、その子の人生はたとえ短くとも、立派に満願成就なのだと私は思うのです。

これは赤ちゃん猫が、とても短い命で亡くなってしまう誕生死も、同じ意味を持ちます。

どれくらい生きたかではなく、この世に生まれたこと自体に意義を持つ。誰かのおうちの子になり、ママやパパとご縁を結ぶ。これこそが目的の人生。そんな生もあるのではないでしょうか。一度結ばれてお互いが思いやり愛し合うご縁は、未来永劫切れることはないのですから。

なので私はご供養のとき、全ての子に対し「享年・天寿満願」とお読みしています。

スペシャルな子が教える人生の秘密

私はしゃもんに対して長年持っていた大きな疑問があるのです。

それは、なぜしゃもんは私の人生にこんなにも多くの影響を残し、こんなにも私をとらえて離さないのか？　という素朴な疑問。

みなさんもそんなふうに思ったことはないですか？　なんで私はこんなにもこの子に夢中になるのだろう、このうちの子のスペシャル感は一体なんなのだろうって。

「うちの子と暮らして価値観が１８０度変わったんです」

「あの子が私に、たくさんの経験をさせてくれました」

「愛する幸せ、愛される幸せを、あの子が教えてくれました」

そんなたくさんの方の言葉を聞きました。そして私も同じことを感じています。

私たちに愛を教え、物事の価値観を教え、人生まで変えるスペシャルな存在。

いったい何者なんでしょうね、うちの子は？

そんなスペシャルなうちの子は「私たちがこの人生で学ぶこと」そして「その学びを生かして、この人生で自分が本当にやりたかったこと」を思い出させてくれる役目があるように思えるのです。

うちの子たちは、その生でできることを終えたあと、死して、私たちが生きていく道しるべのように、光りを放ち始めるように見えるのです。うちの子を亡くす、という真っ暗な闇の彼方で光る、一筋の灯台の光のように。

私はこの人生で本当は何がやりたかったのか？

そのために、私は今、何を学べばいいのか？

そんな人生の壮大なテーマを、あなたのスペシャルな子は教えてくれるのではないでしょうか。

では、うちの子はどんな方法を使って壮大なテーマを教えてくれるのでしょう。実際の体験談をご紹介してみますね。

Aさんの場合「写真は語る」

それはあるチャリティーイベントの会場でのことです。

私は会場で、ある女性に声をかけられました。その人は大きなプロ仕様のようなカメラを2台首から下げていて「今日は妙玄さんにお会いできたら、ぜひお礼を言いたくて来ました」と言いながら、1枚の写真を見せてくれました。

それは満面の笑みでにウインクをしている柴犬の写真。

「わぁ……カッコイイ！　愛されたお顔してますねぇ」

そういうと、彼女の目にみるみる涙がたまっていきました。

「うちの子はカメラをかまえると、いつもこうやって笑ってポーズを決めてくれたんです」

「そうですか。得意気ですねぇ」

写真の犬は本当に得意気なのだ。そして何か言っているように感じるのです。

「私、妙玄さんの講演会を聞いて閃《ひらめ》いたんです！　今まで趣味で犬や猫の写真を撮っていたのですが、これからは保護されて、里親を待つ子たちの笑顔の写真を撮っていこうって」

「そうですか。私の話がお役に立てたようで良かった。う〜〜ん、この写真、この子はウインクしながら何かを言っているように感じるのですが？　なんと言っていると思われますか？」

そんなことを聞いてみた。この子がなんと言っているかは私にはわからない。この子はママに向かって語りかけているのだから。

「えっ!?　う〜〜ん。そんなこと考えたことなかったですけど……」

Aさんは首をかしげる。

「この写真からどんな言葉がポンと飛び出てきますか？」

「そうですね。『やったね！』かなぁ？　何をやったね！　かわかりませんけど……」

私は譲渡される犬猫たちの環境をお話ししてみた。

「ぜひ、Aさんが気づかれたという、譲渡対象の子の笑顔の写真、撮ってください。里親募集のサイトには、とてもたくさんの犬や猫の写真が載ります。その写真を見て里親になりたい人は譲り受けを申し込んだり、譲渡会にやってきます。その子たちの命運は1枚の写真にかかっているといっても過言ではないくらい、里親募集の写真は重要なんですよ」

「えっ!?　そうなんですか？」

　Aさんが目を丸くしたので、私は続けた。

「はい、どうかとびっきりの笑顔の写真を撮ってあげてください。こんな満面の笑みでウインクしている写真をアップできたら、すごく目立つし、すぐに里親さんが決まると思いますよ。また譲渡会場のケージに、たくさんのその子の笑顔の写真を貼ってあげてください。会場で犬や猫たちは緊張していて多くの子は笑えません。この子はふだんはこ〜んな笑顔になるんですよ！　ってアピールしてあげて！」

　するとAさんはポロポロと涙をこぼしながら、

「妙玄さん。私、やりたい！　そんな写真が撮りたい。ただ笑顔の写真を撮るだけでなく、私はそういうことがやりたかったんだって！　今この瞬間に気づきました」

　と、弾けるように笑われたのです。

「ご自分が本当にやりたかったことを見つけて、今、どんなお気持ちですか？」

「すっごくワクワクしてます！　早く撮りたい。これからがすごく楽しみです」

「そうですか。私はこの満面の笑みでウインクしている、あなたのシバくんのパシリのお役目が無事に果たせたようですよ。もう一度。この子はなんて言っていましたっけ？」

そう言うと、Aさんは目を見開いた。

「あっ、私が自分の本当にやりたいことに気づいて……それで『やったね！』ってこと⁇　えっ？　えっ⁉　そうなんですか？」

私はここぞとばかりに、大げさに親指を立てて「やったね！」とウインクをした。


ご供養やカウンセリングの現場では、そのような方がたくさんいらっしゃるのです。飼い主さんがご自分でうちの子の言葉に気づく。そして自らこの人生で本当にやりたいことを思い出す。そんな手助けをスペシャルなうちの子がするのです。

Bさんの場合「世界の架け橋」

Bさんもそんなうちの子ルートから、自分が本当にやりたいことを見つけたひとりです。

「私は保護施設から引き取った猫を通じて、本当にたくさんの方と知り合いました。それがきっかけでボランティアを始めるようになって、助けたり助けられたり、そんなふうに人と関わって生きるのがすごく楽しくなったんです。今までは人づき合いって苦手で避けてきたんですが、うちの子が私と社会との関係を紡いでくれたんだと思います。だから、そんなふうに人と人をつなげながら、不幸な犬や猫たちを減らす仕事ができたらいいなぁ～と思います。ただの夢ですけど」

そんなBさんは発展途上国のペットの保護施設を、日本に紹介する活動の準備を始めているといいます。本格的に英語を学び直し、ネットで交流しながら現地の施設を訪ね、その活動を日本に発信し、支援を呼び掛ける予定だそうです。

「なんだか、いつのまにかこんな流れになっちゃいました。あの子を亡くして悲しくて苦しくて、もうボラ活動もやめようと思っていました。でも妙玄さんに『あの子から何を教わりましたか？』『教えてもらったことをどうしますか？』と聞かれたことがずーっと心に残っていて。いつのまにか、あの子が私に教えてくれたこと（助けたり助けられたり。人をつなげながら不幸なペットたちを助けていく）を自分の人生で始めていました。私は会社員ですが、その給料を活動資金にしています。この活動を始めてから、やめようと思っていた会社員の仕事も、お給料が安定しているからこの活動ができるんだ、と思うと嫌ではなくなりました」

そんなふうに語るBさん。泣きながら送った子と２人６脚（猫だからね）で、この世に残ったBさんとあの世に移動したその子と、共同作業をしている感覚だそうです。夢へとつながる道をあの子と一緒に歩んでいる、とBさんは言うのです。

このようなお話をされる方はたくさんいらっしゃるのです。スペシャルなうちの子は、自分が忘れていた「私がこの人生で本当にやりたいこと」を思い出させてくれる。そんなガイドのような存在ではないか？　と私は感じています。

私はこの人生で本当は何がやりたいのか？

カウンセリングやご供養の現場で、うちの子を送ったあと、

「心に大きな穴が空いたようです」

「これからどう生きていったらいいのか。なんかわからなくなってしまって」

そんな、うちの子亡き後のご相談を受けることも多くあります。今までうちの子に全身全霊で尽くしてきた方は、送った後に、これからの生き方が迷子になることも少なくありません。そのようなときには、

「〇〇さんが人生でやりたい！　と思っていた夢はなんですか？」

「未来にどんなことをしたいと思っていますか？」

と、お聞きします。ですが、ほとんどの方が明確な道筋や目標が出てこないのです。

それはなぜなのでしょうか？　まだお気持ちの整理がつかない、ということもありますが、それとはまた別の理由もあるようです。

人は誰でも「この人生でこうなりたい」「この人生でこんなことがしたい」「この人生はこんなふうに生きたい」「こんな人間になりたい」そんな理想を持っています。

ですが、生きていくうちに生じる責任や義務、日々やらないとならないこと、たくさんの雑用、経済的理由、環境的なこと、スキルがないことなど、いろんな理由や状況から、私たちから夢や理想は遠のき、いつしか「私はこの人生で何をやりたかったのか？」そんなことを忘れ諦めてしまうのです。

自分でも気づかぬうちに、自分に夢があったことさえも忘れてしまう。

ならばと質問の角度を変えて、

「夢でも理想でもいいので、これからの人生でどんなことができたらいいと思いますか？」

「実現不可能でもいいのですが、どんなことをやってみたいですか？」

そんなふうにお聞きすると、みなさんが、ご自分の夢や理想を話し始めます。

「うちの子がレスキューされたように、今度は私が動物たちを助けるレンジャーのような組織を作れたらいいなぁと。夢ですが」

「今は介護職なのでそのスキルを活かして、見学型の犬猫の保護シェルターを作って、そこでシルバー人材の雇用ができないかと思っています」

「家が好きなので、絵を描いたり、料理を自宅で作るのが仕事になったら嬉しいかな。うちの子とずっと一緒にいられる仕事がしたいですね。学童支援や子供食堂みたいなこと。小型犬や猫と触れ合える家みたいな」

「教職なので、子供たちに命の大切さを伝える特別授業がしたいです」

「金融関係なのでたくさん儲けて、たくさん寄付ができたらいいですね。私は直接、保護に関わるにはメンタルが弱いから。後方支援専門で」

そんなふうに、みなさんかなり明確にお答えになるのです。

それも、みな生前うちの子と暮らした物語の中に、人生での理想や目標、夢があるように聞こえてきます。

最愛の子を天にお返しする。その耐え難い悲しみや苦しみを通過しないと、気づけない。そんなことのようにも感じます。

かくいう私も、しゃもんから教わった「滅私の愛」と「忍耐強さ」、「自分が苦しいときも優しくあること」「あの世とこの世はリンクしている」ということを繰り返し見方を変え、方向を変え、さまざまな角度から発信できたらいいと思って活動しています。

私はやりたいことがたくさんあるのですが、近年気づいたことは「此岸《しがん》（この世）に残る私たちと、彼岸《ひがん》（あの世＝虹の橋）に渡ったあの子たちとをつなぐパイプになりたい」。そして「飼い主さんたちが、うちの子の死を通して気づいた、〝この人生でこれをやろう！と、決めてきたことが何なのかを思い出し、実行できるよう〟サポートしたい」と思っていたことです。

私たちが最愛の子亡き後、気づく人生の目標は、若い頃に誰もが思うような「お金持ちになりたい」とか「運命の人と結婚したい」とかの願望、また「うちの子の生まれ変わりに出会いたい」などの道半ばの希望ではなく、お金持ちになって何をしたいか？

運命の人と結婚して何がしたいか？

うちの子の生まれ変わりと出会って、そしてその子と何をするのか？

という「人生の本当のテーマ」だと思うのです。

ご供養やカウンセリングの中で、

「妙玄さん、私、自分が本当にやりたいことに今、気がつきました！」

「あの子が死んだあとの自分の行く道が見えました！」

そんなふうに気づきのお手伝いができることがあります。そんなときは、その方が送った大事な子の存在を色濃く感じるのです。

飼い主さんのその気づきは、その子が意図的にできることではありませんが、私をこの世とあの世のパイプ役にうまく使っているなぁと感心するほどです。

ですが本来このような気づきは、飼い主さんご自身が気づく力を持っています。何も私がいないと気づけないものではありません。

その飼い主さんの気づきは、虹組のあの子も「自分の意志がママに伝わってうれしい！」で、飼い主さんも「あの子を送った後の人生で本当にやりたいことがわかった！」であり、私も「あの世とこの世のパイプ役になれてうれしい！」という三人三様の願いの実現ではないでしょうか。ＡＬＬ　ＷＩＮ。まさに黄金のトライアングル！

あなたの人生は大事なあの子と、どのような人生を織り込んでいるのでしょうか？

あなたの心を魅了してやまないあの子が、あなたが本当に生きたい人生に無関係なはずはありません。

私たちはうちの子を通して、この世で一番愛おしい大切と思える愛を知り、うちの子を亡くして耐え難い苦しみにもがきます。その光と闇を経験しないと気づけない、そんなこともあるのですね。

最愛のうちの子の死がそんな意味も持っているのだとしたら、私たちがこの世で本当にやりたいことに気づくために、その子の死は私たちの魂の着火剤であり、なくてはならないことなのでしょう。

自分がやりたいことの実現のために今、何を学ぶのか？

どんな夢でも実際に実現するためには、必要なことを学ぶ必要があります。

里親を待つ子たちの笑顔の写真が撮りたい、と言っていたAさんは「写真をもっと勉強したい」「どんな写真が譲渡に必要とされるのか、いろいろリサーチしたい」と言っていました。

また、発展途上国の保護活動を日本に紹介して、支援につなげたいと言っていたBさんは「もっと本格的に英語を勉強したい」「もっとネットを駆使してのアプローチの方法を勉強したい」ということでした。

やりたい夢に気づいたら、それを実現するための準備として、何を勉強したいか、何を学ぶことが必要かを明確にすることが、初めの一歩になります。AさんやBさんのように、より具体的に内容を決めれば、すぐに行動に移せます。

夢は語るだけでは実現しません。

「できる・できない」ではなく、「やるか・やらないか」。それはいみじくも、犬猫たちのレスキュー活動と同じなんですね。

自分に興味がないことも、勉強しなければならなかった学生時代と違い、大人になって、自分の夢に向かって必要な知識を得る勉強は、とてもワクワク♪　楽しいものです。そこにうちの子がからんでいるならなおさらです。

夢に向かっての勉強は、きっとあなたを夢中にさせることでしょう。生前のあの子に夢中になったように。

私の場合ですがスペシャルな子に対しての疑問から、すでに夢の模索は始まっています。

「なぜ私たちは大切な子の死がこんなにも怖いのだろう？」

「なぜ私たちはうちの子の死という、こんなにも苦しい体験をするのだろうか？」

たくさんのなぜ？　を抱えて、まずは人の心理のからくりを学ぶ心理学・カウンセリング学の勉強から始めたのです。

またそんなうちの子や、私たち自身の生老病死に対する不安や恐怖を希望に転換できる、ということを伝達するためには、僧侶という立場が適任だと思ったのです。

それから飛騨の千光寺に弟子入りをさせていただき、高野山へと本格的な修行をする流れになりました。

また同時に動物たちに関わるには、実践的な保護活動も必要不可欠なのですが、もうここまで流れにのると、自分が意図して求めるより先に、必要な事態、学ぶべき状況のほうからどんどん目の前にやってきます。

僧侶としても活動、聞き方、伝え方が大事なカウンセラー、保護活動の実践。一見まったく別々なことが、現在このように三つ編みのように編み込まれ、私がこの人生でやりたいことに向かって、1本の太い道となっています。

おもしろいことに、さらに時間をさかのぼっていくと、私が学んだことを広く伝達するために、20代のころからペットライターという職業についたのではないか？　と気づいたのです。当時は、ただしゃもんと24時間一緒にいたいという思いで始めた仕事でしたが、ライターの素地はそこから20年後、書籍・漫画・ブログを書く上で、なくてはならない表現方法を図らずも学んでいたのです。またここでもスペシャルな子が人生の道案内をしていたのですね。

なんとも、どこまで過去にさかのぼっても、今現在も、そして未来も、全てがつながり、そこにスペシャルな子がからんでくるわけです。

あなたの人生もあの子と過ごした幸せな時間、さらに出会う前にさかのぼると、全ての出来事がスペシャルな子へとつながっているのではないでしょうか？

あなたの人生で起こったこと全てが、「スペシャルなあの子とあなたとの夢」を実現するために準備されたことだった、そんな感じはしませんか？

そういえば、なぜあの子と暮らすことになったのか？

「あのとき、あの道を通らなければ、道端で鳴いていた子猫のあの子を保護することはなかった」「ちょうど、先住の子を送ったばかりだったから」「私はまだ小学生で、助けられずに死なせてしまったうちの犬。あの子はなんで死んでしまったのか？　調べ始めたのがきっかけで、あれから10数年。私は今、獣医学科で学んでいます」

私というたて糸と、うちの子という横糸が、愛という織り機によって織り込まれていく。気づきが織り込まれ、優しさが織り込まれ、愛おしさが織り込まれ、そして病気が織り込まれ、不安や迷い恐怖も織り込まれていく。

刹那、涙、感謝、苦しみ、希望、私とあの子はたくさんの気づきや学び、その光と闇を織り込みながら、人生を織り上げていく。あの子が先に逝き、私がいつか逝くときに、私たちの物語はいったいどんな作品に出来上がっているのだろう。

うちの子は死んでからが本領発揮

ご供養やカウンセリングの現場で、みなさんがよく言われる共通の言葉があります。

「うちの子が亡くなって体の半分がもがれたようです」

「親が亡くなったときより何倍も悲しい。こんな耐え難い苦しみが人生にあるなんて」

「うちの子からは、本当にたくさんのことを教わりました。たまらなく愛おしい存在で、同時に私の先生でもありました」

「ただ生きていてくれるだけでいい。ただ隣にいてくれるだけで嬉しかった」

あなたも、そんなふうに思ったことがおありではないでしょうか？

私たちを魅了してやまない「うちの子」。

そんな不思議な魅力を持つうちの子って、やっぱり不思議な存在です。ただの飼い主とペットという関係ではないことを、私たちはみな知っています。そんな私たちの関係を表そうと近代では様々な言葉が提案されました。

「パートナードッグ」「コンパニオンアニマル」「家族の一員」どの言葉もしっくりとしないで、社会的認識として定着しませんでした。

結局、私たち的に一番座り心地の良かったのが「うちの子」です。

犬猫、うさぎ、鳥、小動物などペットと括られる動物に、さほど思い入れがない人からしたら「うちの子??」と奇異な感じがするかもしれません。ですが「うちの子」という言葉は、私たちの口からごく自然に出てくる言葉として、定着したように思います。

私自身その呼び方が座り心地がいいのですが、先の多くの飼い主さんが共通しておっしゃる言葉をお聞きしていると、うちの子たちはただかわいいだけでなく、何か私たちの人生をけん引しているようにも思えるのです。

そう考えると「なんだかガイドみたいだなぁ」そんなふうに思いませんか？

うちの子と出会って生活環境や考え方、生き方が変わったという多くの方。うちの子がきっかけとなってたくさんの出会いがあり、付き合う人が変わり、休日の過ごし方が変わり、訪れる場所も変わり、時間やお金の使い方も変わります。おうちのインテリアや作りまで変わることもありますね。

うちの子を通して、同居人、配偶者も変わってくる、そんな方も珍しくありません。こんなに人生が変化しているのです、うちの子と出会って。

これって十分、人生を引率されていますよね？　そうなんです。うちの子たちは、私たちの人生のガイドの役目を果たしているのです。

あの子が生きているときは、うちの子との人生云々、そんなことなんて考えませんね。だって、私たちはこの子がいてくれたらそれで幸せだから、それ以外のことに目が向かないのです。

この子の身体が無くならないと、私たちは「私とうちの子の世界」から出て行こうと思いません。社会で何かを成していこう、なんて思いもよらないことです。だって私とうちの子の世界は人生で一番幸せな時間だから。

ですが、そんな至福の時間を味わえるのは、この地球で極上の人生だってこと、気づいていますか？

内戦、感染症、難民、飢餓、紛争、誘拐……。今日も地球のどこかで、たくさんの人が飢えて、病院にかかれず亡くなっています。

同じ時代の中で、私たちはうちの子の病や死を十分に悲しみ、安全に泣ける空間の中で過ごすことができます。ですが、私たちはあの子を送っても、そんな環境に感謝もなしに、そして幸せで極上の時間がまた欲しい！　と神に祈るのです。

うちの子から教えてもらった様々な愛の形。

「またうちの子と一緒にいられれば何もいらない」

そんなふうに望むなら、いったい何のために、私たちはこの子から愛することを学んだというのでしょう。

この世で私がやりたいことを成就させるために、あの子がサポートにまわり移動したあの世。まだ具体的なやりたいことがわからなくても、それはきっと愛にまつわることに違いない。きっと誰かに手を差し伸べる優しい行為に違いない。

私たちとスペシャルな子は、共通のテーマを異なる空間で、共同作業をしていくのです。共通のテーマを成就すべく、あの子たちはあの世から、たくさんのメッセージやヒントを私たちに送り続けているのです。

そんなメッセージを受けて、私たちは肉体を持つこの世で行動を実践していく。やはり心のどこかで、あの子の存在を探しながら、感じたいと願いながら。

うちの子が今でも、あの世から送ってくるさまざまなメッセージや気づき。それは偶然手に取った書物の一節であったり、他人の口から語られるたとえ話だったり、お風呂に入っていてふとひらめくことなど、日々の何気ない日常の中に、たくさんちりばめられているのをお気づきでしょうか？

身体があるときは、ただただ愛おしい1頭の犬、1匹の猫、1羽のうさぎや鳥。日常生活の中で、すごい魔法のようなことや、何かスペシャルな現象が起こるわけではありません。

ですがあの子が身体を手放したあと、一緒に過ごした私たちの物語はさらに輝きを増していくのです。

そんなふうにあの子の死をとらえてみると、「死が忌むものである」必要がないように思うのです。

身体があってできることもあれば、身体がないからできることもあるのですから。

生きていても、死んでいても変わらずに、愛おしいあの子。

あの子が肉体を持つ生の時代は、私とあの子の目標の準備期間であり、死という通過点を超え、そのあと、私とうちの子との物語の本編が始まるのです。

第5章

〈私小説〉猫如来との禅問答

私の猫・はんちゃん

『ペットがあなたを選んだ理由』など、私の書籍の表紙になってくれた白に黒ぶちの猫、はんにゃ。

彼女はノラの「しま」という猫が、以前住んでいた家の軒下で5匹生んだうちの1匹。4匹の美猫は里親さんに引き取られていきましたが、顔が怖く残ってしまったのが、はんにゃです。その怖い顔から「般若《はんにゃ》」と名づけ、はんちゃんは私が飼う初めての猫になったのです。

はんちゃんはとても性格のいいおおらかな猫で、そのうえ病気知らずの親孝行。成長するにつれて、怖い顔も猫らしいかわいい顔になりました。同居の先住犬・ハスキーのしゃもんのことが大・大好きでいつもベッタリ。眠るときもしゃもんのお腹に、スッポリと収まるさまは、とても愛らしい光景でした。

しゃもんが散歩から帰ると、走って来て足元にからみつき、一生懸命すりすりとほおずりをしながら、しきりにキスをせがんだり。そんなはんにゃがかわいくて仕方がない様子のしゃもん。

この二人は本当に仲良し。しゃもんがはんにゃの体をなめてグルーミングをすると、次ははんにゃが、小さな舌で大きなしゃもんの身体を一生懸命なめる。それは私にとっても、心温まる幸せな光景でした。

しゃもん亡きあと、しばらくは私から離れなかったはんにゃも、その後立派な大人猫に成長。メスなのに身体も大きくケンカも強い。はんにゃはすぐに、地域のボス猫に君臨したのです。おおらかに育った彼女は、すご〜く度量が大きいなかなかのボス猫。

狩りも得意で、鳥・カエル・ねずみ・バッタ・セミとなんでも捕るのですが、捕ったものは残さず食べるお行儀のいい猫。人間には何をされても怒らず、猫の扱いが乱雑な、年老いた私の母の相手も辛抱強くしてくれていたのです。たまにキレて反撃していたけど……。

そんな自由奔放な生活をしていたはんにゃも、寄る年波には勝てず、お尻や背中を噛まれて帰ってくることが多くなっていきました。それはボス猫の世代交代の現れです。

はんにゃ９歳。その後、数年の実家経由を経て、晩年は猫が広い草の大地に出られるよう試行錯誤の工夫を凝らした、三重の施設へと連れて行きました。

ケンカ猫でボス猫だったはんちゃんが、施設の子たちとうまくやっていけるのか心配だったけれど、予想に反して、昔取った杵柄なのか？　おおらかで弱いものいじめをしないはんちゃんは、施設のネコたちにも大人気。

なのですが、三重の施設に連れて行く前あたりから肝臓を悪くしたはんにゃは、たまに吐血をするようになったのです。まだらな痴呆症状からボケ喰いも始まり、食べても食べても痩せていくように。

それでもしばらくは施設の広い草地を散歩をしたり、風を受け、日向ぼっこをしたりと、大好きな野外で穏やかに過ごしていました。それは施設での生活と残りの生を満喫しているように見えました。

16歳を過ぎたころから緩やかに、じりじりと体調が下降。吐血とまだら痴呆の症状がひんぱんになっていきます。

17歳に近くなるとその症状が顕著になり、そろそろ逝く準備をしているのかな？　そんなことも思い始めていました。

あれだけ大好きな外にも行かなくなって、室内で徘徊まじりに過ごすように。メスにしては大きな猫でしたが、体重は3分の1くらいに落ち込みます。そこからさらに痩せてい

身体ありし日の猫如来

き、まるで干物のように干からびていきました。

大きくムッチリ、ピカピカだったしなやかな身体は粗相《そそう》もあってか、ガピガピボロボロ。苦しんだりはしていませんでしたが、痩せ細った体がやけに重そう。ヨタヨタと歩くのもやっとになるころには、内臓が機能を止め始めたのか、腐った臭いが漂い始めました。

いわゆる死臭といわれる独特の匂いです。この匂いを感じたときに「ああ、表も裏も（外見も中身も）ずいぶん極限まで使いきった身体なんだなぁ。使って使って使い切ってボロボロになったぞうきんみたい」そんなことをぼんやりと感じていました。

お迎え現象

はんちゃんが亡くなる少し前に、私はとても不思議な体験をしたのです。ですが、そのお話をする前に少し脱線して、とある事例をご紹介させてください。

ある終末期の方の緩和ケアの場所で、看護師として働いているYさんが、興味深い現象を教えてくれたのです。それは俗に「お迎え現象」と呼ばれるものです。

ホスピスで彼女は、〝人生の終焉を自分らしく生きていこう〟という方のケアをしていました。終末医療の現場ですから、お世話をする方はみなさん亡くなって逝くわけです。

あるとき、彼女が担当している80代女性のKさんが、こんなことを言うのです。

「Yさん。昨夜、8年前に亡くなった夫が病室に来たんですよ。不思議と怖くなくて『あら、お父さん。どうしたの？』と聞いたら『おい、もう行くぞ』って威張って言うんです。私、そろそろお父さんが恋しくなったわぁ。生きているときは、そういう言い方が癪《しゃく》にさわって、憎らしくてケンカばかりだったのにねぇ」

そんなふうに話してくれたKさんは、それから5日後に亡くなったというのです。

また、個室の窓から庭を見ていたMさん（80代男性）に、「そろそろ風が冷たくないですか」と声をかけたら、「うん、そうだね。今日もミミが庭に来てくれたから見てたんだ。かわいいいんだよ」というのです。Yさんが「近所の猫ちゃんですか？」と聞くと、「私の猫ですよ。５年前に死んでしまったけれど」と、Mさんは自然にそう話したというのです。

Mさんはその１週間後に亡くなったそうです。

看護師のYさんは「緩和ケアの仕事をしている私たちは、俗にお迎え現象といわれるそんな体験をお聞きするのは日常的なことで、特に不思議なことではありません。死ぬときには、自分が大切にしていた人が迎えに来てくれるんだなぁと思うと、死というものが怖いものではなく、なにか懐かしく穏やかなものに感じます。死の先がない、死んだらお別れ、なんてここでは誰も思っていませんよ」そんなふうに話してくれました。

そのとき私は「ああ、いいお話だなぁ」と、感じました。なんたって、こういう実体験をされた方のお話は心にビーン！　と響きますよね。

私もはんちゃんが亡くなる少し前に、このようなお迎え現象を体験したのです。こんな体験は初めてのことで、それは本当にあったことなのか？　私の思い込みなのか？　白昼夢なのか？　実のところわかりません。

それはこんな体験でした。私のはんちゃんがもうヨレヨレぼそぼそになり、もうそろそろ逝くのかな？　そんな思いが脳裏をよぎったそのころ。

はんちゃんのお迎え現象

最後にはんにゃが自ら歩いて、施設の作業場にご飯を食べにきたときのことです。もうご飯台の上に登ることもできなくなっていた彼女は、いつもは軽々と飛び乗る大きな台の下まで来て、床の上にへたり込んでしまいました。

「はんちゃん、大丈夫？」と声をかけながら、かがんでうす暗い台の下をのぞき込みました。すると、へたり込んだはんにゃの身体の上に、輪郭がぼやけている黒い染みが浮かんで見えたのです。

（なんだろう？）腰を横に曲げた変な体勢のまま、じーっとその染みを見ていたら、その染みの周りの空気が濃くなったという表現でしょうか？　その染みを囲むように長い先細りの筆のような輪郭ができ、その周辺に４本の足先が見えたような気がして「あっ、しゃもん？」と、思わずつぶやいたのです。

そう、染みだと思っていたのは、しゃもんのしっぽの模様だったのです。純血種のハスキーは尾を下に向けて垂らし、尾の中央部に黒い点のような模様があるのです。

うっすらと足先しか見えませんが、どうやらへたり込んだはんにゃをまたぐように立っているようです、後ろ向きに。

よくはんにゃが、しゃもんの立っている足の間に入って、じゃれていたことが思い出されました。

なんだか驚きもなく（ああ……やっぱり迎えに来たのか）ごく自然にそんなふうに思えたのです。実はそう思うより先に（なんで後ろ向き？）（なんで私に足先としっぽしか見せないの？）この状況に対して、そんな素朴な突っ込みのほうが強かったのです。だって、しゃもんの姿を感じられるってそうないことなのに、なんだか、私のことは眼中にない感じで。まるで「俺、はんにゃのとこに来たんだよ。ああ、オレのこと見えたんだ」しゃもん談。そんな感じ。

いつもながら私のしゃもんはクールで、そっけない。

こう書いていくと長い説明文になりますが、実際は一瞬の出来事で、しゃもんのしっぽも足もすぐに消えてしまったのです。

私は霊能力者でもないし、俗にいう視える人でもないので、しゃもんに見えたのは気のせいかもしれないし、気のせいではないのかもしれません。でもそんなことはどうでもいいと思っています。私が感じたことなのですから。私が（ああ、しゃもんだ！）って思っただけだから。

それからは、「はんちゃん、しゃもんとようやく会えるねぇ。死ぬのが楽しみって、こういうことなんだね。いいなぁ。しゃもんが来たんだ」そんなことをはんちゃんに語らいつつ、「それなら早く逝けたらいいな。早く大好きなしゃもんと会えたらいいな」と、心からはんちゃんの天寿を祝福したいと思ったのです。

私の自慢のはんちゃんは、日常に笑いや楽しさをくれた子だとしみじみ思います。そして彼女は生涯を通して、居心地が良い室内も自由な野外も行き来し、得意な狩りを堪能し、大きな木に登り、大地を全力で走り回るという、猫として最高に幸せな人生を送ったと思うのです。

それからはんちゃんがついに食べなくなって、水も飲まなくなり、いよいよ昏睡状態に。寝たきりのまま、時おり意識を取り戻すのですが、また昏睡状態になっていく。それはまるで、この世とあの世を行ったり来たりして、だんだんとあちらの世界になじんでいくようでした。

そんなはんにゃを見ていて、愛さんと「そろそろ今晩かな」そんな話もしていたのです。その日は朝から昏睡のまま、こちらの世界にほとんど戻ってくる様子がありません。夜になり私は、パソコンを打つテーブルの足元に、目を開いたまま昏睡状態のはんにゃを寝かせ、原稿書きを始めました。時おり、小さなうめき声とともに、四肢を伸ばして宙をかくはんちゃん。苦しそうに見えるのですが、実際は昏睡状態下での筋肉反射だったと思います。

はんちゃんが赤ちゃんの頃から16年半。その間に愛さんの施設に関わり、数えきれないほどの猫の看取りをしてきた私は多くの経験則から、今のはんにゃの状態を冷静に見守ることができました。それは経験や知識もさることながら、はんにゃが十分自由で幸せな猫生を送ったと思えたことも大きいと思うのです。

筋肉反射が始まると、もうそう長いことではありません。

「はんちゃん、いい人生だったねぇ」

「しゃもんが今きっと、そばにいて待ってるんじゃないの？　見えないけど」

「いいなぁ。大好きなしゃもん兄ちゃんと会えるなんて」

本当にうらやましかったので、そんなことを時おり話しかけていました。はんにゃは目を見開いたまま空《くう》を見ていましたが、もうその瞳には現実の物は何も映っていないよう。

時刻は深夜3時くらいでしょうか。数回の筋肉反射から静かになったので、はんにゃをのぞき込むと、

「あ……はんちゃん、いつ逝ったの？　全然わからなかったよ」

はんにゃ16歳半。そんな静かな死でありました。

ですが！　実はこのはんにゃ編はここから本編なのであります。

ここからは私が体験したことを禅問答の形態に変えて、私小説風に表現したいと思います。

禅問答とは修行僧がお師匠さまから与えられる「悟りを開くための課題」に答えていく様を言います。正解を求めるものでないので、難解な解釈も多く、一般社会においては、意味が伝わらない会話やよくわからない会話を、「禅問答みたい」と表現されます。

〈私小説〉猫如来との禅問答

さてずっと足元にいて、時おりのぞいていたのに、いつのまにか逝っていたはんちゃん。顔をのぞき込むともう瞳孔が開いて、呼吸も心臓も止まっていた。

生気のなくなったその身体は、虫の息でも生きているときより、さらにぺったんこな汚れたぞうきんのように見えた。命が消えると身体もこんなふうに〝物〟のように見えるんだなぁ。そんなことを感じながら、

「ああ、はんちゃん。いい逝き方だね……」

と語りかけたそのとき、まるでシャンパンの栓を開けるが如く、はんにゃのズタボロのぺらっぺらな身体から、すっぽーーーーーん!!　と何かが威勢よく飛び出てきた！

突然のことにビックリし過ぎて、まるで漫画のように後ろに尻もちをついた。

すると、はんにゃの身体から出てきたものが、う～～～～～ん、と伸びをするではないか。

なんと！　ズタボロのはんにゃの身体から飛び出てきたのは、まるまる太ったつやつやピッカピカの若く一番元気なころのはんちゃんだった。

そのはんちゃんが、片方の前足を大きく伸ばし、片方の後ろ足を同様に伸ばし、あごを

突き出し、すごく気持ち良さそうに「う〜〜〜ん」と、伸びをした。つやつやピカピカのはんにゃんは、チラリと自分の身体を見て、ひと言。

「これ、イノちゃんにあげて」

「えっ!? なんで? なんでそんなこと言うの?」

それは、はんちゃんの身体を土深く埋めないで、イノシシにあげて、という意味だ。ビックリしてそう問い返すと、はんちゃんが不思議そうに、

「だってもういらないでしょ?」と言うではないか。

う〜〜〜〜ん。確かに。だってピカピカの本体が目の前にいるし。

いやいや、そういう問題ではない。

「いやぁ〜、さすがにそれはちょっと……。それは愛さんがダメでしょう」

「なんで?」

どうしても猫にはわからない人間の心の繊細なひだ。

「なんでって……。大事なはんちゃんの身体だから、わざわざイノちゃんに食べさせてあげるなんて」

「大事な身体? 使い終わって、ようやく重くて臭いの脱げたのに。そんなボロボロの汚

いのどうするの？」

「うっ……」

化け猫（元気でかわいいけど）に黙らされる尼僧。

「その中に私が入ってると思ってるの？」

と、自分の遺体を見ながら禅問答を投げかけてくる猫。死んだ猫との禅問答。なんてシュールな光景なのだろう。

「そのズタボロのぞうきんのような中に、私が入ってると思ってないでしょう？」

「うん、思ってはないけど……」

「じゃあ、どうして大事なの？　私はいらないんだから、欲しい命にあげたらいいじゃない。なんでイノちゃんにあげちゃダメなの？　うりちゃんになって帰ってくるって、いつも言ってるじゃない。命は循環するものだって、言ってるよね？」

「う、うん。言ってる」

う〜〜〜〜ん。もはや誰と問答しているかも気にならなくなり、自分の中の答え探しに没頭していると、

「変なの」

その言葉を残して、ピカピカむちむちのはんちゃんは、あきれてどこかに行ってしまったようだ。

残されたはんちゃんの亡きがらを見ながら、「う〜〜〜ん」と私は考え込んだ。

確かにね。そう言われてみたら、この使い古した身体は、使い切った私の作務衣《さむえ》のようだ。作務衣とは僧侶が作務（掃除や作業）のときに着る作業着で、数年でボロボロになるくらい、私たちはこの着衣を日々使い込む。

はんにゃの身体は、猫の寿命を人間に換算したら、私が毎日同じ作務衣を85年くらい着続けて作業をしていたようなもの。

はんにゃんにしたらこの着衣（自分の身体）は、以前のどこへでも軽々と駆け上がれる、本来の猫のしなやかさをだんだんと失って、体重が減るにしたがって、どんどんと鈍重に重くなっていったのだろう。水分が抜け、汚れももう落ちない。あちこちの破れはもはや修復不能。重くて、臭くて汚くて。ようやく脱げて、すっぽーんと飛び出られたら。

まあ、清々するんだろうなぁ。いらないよね、本人は。

きっと私だって年を取って、痩せこけてズタボロになった老婆の肉体を思いきり脱げて、若く元気いっぱいな頃の身体に戻れたら、その老婆の身体……いらないなぁ。いらないし、見たくもない気がする。親族がその遺体を「これが妙玄さん」と大事にされたら、嫌だなぁ。

また、はんちゃんが指摘した通り、死してなお、その使い切った身体の中にはんちゃん自身（魂というのだろうか？）が、入っていると私は思っていない。

私たちはうちの子がこのように老齢で、また闘病の末に逝《い》ったとしたら、みなこう言うのだ。

「やっと楽になれたねぇ」

しみじみと私たちが言うこの言葉。思わずつぶやくこの言葉も、不思議な言葉ではないか？

私たちは「やっと逝けたね」はあるが、「やっと無くなったね」とは言わない。「やっと消えられたね」とも言わないのだ。

「やっと楽になれたね」は、「今、あなたは楽になった」という言葉で、それはその子がどこかはわからないが、どこかで楽になっている、という感覚ではなかろうか？

じゃあ、どこで？　という話だ。「苦しかったね。やっと逝けたね」という言葉。じゃあ、どこに行った？

私たちはうちの子の身体に執着するが、死してなお、うちの子の魂がその使い古しの身体の中に入ったまま、土の下や墓の中にいるとは思っていない。

なんというか、「うちの子はどこかいいところにいる」という共通イメージを私たちは持っている。それは虹の橋だったり、変わらずにいる家の中だったりするのだ。

具体的な場所は人それぞれなのだけど、どこかいいところにうちの子はいるのである。そうして私たちが逝くのを待っている。またはそうだと信じたい。

ご供養やカウンセリングの現場で、

「うちの子は消えてなくなったと思う」

「うちの子はこのお墓の中にいるんです」

「この骨壺にうちの子はぎゅう〜って詰まっているんです」

そうおっしゃった方はただのお一人もいないのだ。みなさん、「うちの子はどこかわからないけれど、いいところにいる」とおっしゃるのだから。

そしてうちの子を思い出すとき、亡くなる間際に苦しんだ姿が目に焼き付き、トラウマになっている。そんな場合は別として、たいていの飼い主さんは、亡くなる間際の姿ではなく、一番あの子らしい表情、幸せな姿を思い出す。今、ピカピカむちむちのうちの子といる体験をしている私と同じように。

そうすると、

「だってもういらないでしょ」

「大事な身体？　使い終わってようやく重くて臭いの脱げたのに。そんな使い古しの汚いのが大事なの？」

「その中にまだ私が入ってると思ってるの？」

「なんでイノちゃんにあげないの？　うちの子の死が誰かのためになるようにって。うちの子の命が誰かにつながるようにって、いつも言ってるよね？　役立つじゃん。私が捨てた身体」という、はんちゃんの言葉の数々。

これって……、いったい誰の悟りなの？

はんちゃんは、「私がいらなくなったものを次の命にあげて」そう言っているのだ。

なるほど、鳥葬とかの考えは自然回帰の埋葬法としてあるものね。うん、あるけど……。

「あなた、いつもそう言ってるよね？　なのになんでダメなの？」

思わずお前は一休さんか？　とんち小坊主なのか!?　と突っ込みをいれたくなるくらい。

う〜〜ん。う〜〜〜ん。そうだよねぇ。矛盾してるよね。

私がいつも言っていたことを、自分自身が本当に確信しているのか？　試されているみたいだ。

　でもそのままイノちゃんにあげるのかぁ〜。私的にはそこはなんとか理解できても（もろ手をあげて賛成までは悟ってないけど）でも、愛さん的にダメでしょう。

　そんな禅問答をしているうちに、夜が明けたので、はんちゃんの意志を尊重しつつ、お墓の場所に穴を掘って遺体を浅く埋めた。

　これなら数日のうちに、イノちゃんが掘り起こしに来るだろうと。私としたら「深くお墓に埋める」と「イノちゃんにそのままあげる」の中間策にしたのだが。


　しばらくすると、愛さんがやって来た。

「はんにゃんは？　はんちゃんは亡くなったの？　どうしたの？　どこにいるの？」

「埋めました。実は……」

　と説明しようとしたら、愛さんがいきなり大泣きしだした。

「なんで!?　なんで？　埋めちゃったの？　お別れしていないのに！　顔見てないのに、なんで埋めたの!?」

　怒鳴られながら、号泣されながら詰め寄られ、このややこしい、ただでさえどう説明し

たらいいかわからない状況の説明ができず、

「わわ、ごめんなさい！　すみません！　もう昨夜お別れしてくれたのかと思って。ごめんなさい‼」

そうあやまるも、愛さん大号泣。

しまった！　そうだよね。愛さんにしてみたら、そんなはんちゃんとの会話なんて知らないし、見てないし、そうだよね……。たとえ見てたとしても到底納得なんかできないものね。

まったくもって、すみません‼　亡くなった顔も見ないで埋められたら辛いよね。でも、今さら掘り起こすのも何だしね。

施設の子だったら、勝手に埋めたりはしないのだけど、はんにゃんは私の猫だったのと、昨夜のことがあったから、はんちゃんの体は本人の意志にまかせようと、つい焦ってしまって……。

とにかく泣きながら抗議する愛さんに、ひたすらあやまってあやまって。

きっと、この光景もはんちゃんが「?????」と思って見下ろしているんだろうなぁ。

私が浅く埋めたお墓を愛さんが泣きながら、イノちゃんに掘られないようにブロックを積み上げ、イノシシ忌避剤をまいてくれた（それでも掘り起こされるんだけど）。

さらに丁寧に飾り付け、花を飾り、線香と灯明《とうみょう》（ろうそく）を灯し、はんちゃんが大好きだったご飯やおやつをお供えしてくれた。

私は法衣《ほうえ》に着替えお経を唱えた。愛さんはまだ泣いてくれていた。

お経を唱え終え鐘を鳴らすと、またピカピカむちむちはんちゃんの威勢のいい声が聞こえた。

「そのジメジメした土の下に、私がいると思ってるの？　虫とか細菌とかカビとか、溶けたうんことかいっぱいいなんだけど!?　土の中って（怒）」

そう言われた気がしたので「思ってないけど…」と、思わず小声でつぶやく。

「いないと思っているところになんで手を合わせるの？　何に手を合わせているの？」

出たな!!　一休とんち猫！

「うう……」と答えにつまり、そそくさとお墓を後にすると、

「ねぇねぇ、なんで？　なんで？」

「なんで？　いないと思ってるところに手を合わせるの？　なんで？」

「イノちゃんには分けてあげないの？」

と、しつこい。そうだった。はんちゃんってすごくしつこい猫だったから、母猫のしまちゃんもあまりのしつこさに家出したんだっけ。

――と、そんなお話が一巻目。

さて、次の問答は私たちが大事にしているお骨のことです。

飼い主さんの多くはお骨（骨壺）を大事にお飾りされています。

「早く手放さないといけませんか？　どうしても手放せなくて」

そんなことをよく質問されます。

「もう手放そう。飼い主さんが自然にそう思えるときまで、お持ちになっていてよろしいと思いますよ。いつまでに土に戻さないとダメとかはありませんから」

私はそんなふうにお答えしています。

とはいえ私たちはみな、うちの子は天国とか虹の橋とか、とにかくどこか自由ないいとこにいる、そんなイメージは共通して明確なんですね。

で、またその子が狭い骨壺の中に、ぎゅ〜〜〜っと入ってると思っていないし、魂がそこに閉じ込められているとも思ってもいない。なのに私たちは骨壺に向かって語りかける。

その矛盾をとんち猫は私にしつこく、「なんで？　なんで、そんなことしてるの？」と聞くわけです。で、坊主は答えに窮しているわけです。

そんな話を、骨壺に毎日話しかけている友人のSちゃんにすると、

「骨壺の中にいるとは思ってないけど、うちの子の体が入っているんだし、骨壺は受信機なのよ～！」

と絶叫。するとその瞬間、横やりが入った。

「Sちゃん今ね、はんちゃんから突っ込みが入った気がしたんだけど、言っていい？」

と聞くと鼻息荒く「言ってよ！」とSちゃん。

「受信機っていうけど、骨壺に向かって話してるんじゃないでしょ？　骨壺を前にしているだけで、どこかいいところにいると思っているうちの子に向かって、語りかけているでしょ？　だったら、骨壺は目の前にあるだけで、受信機じゃないよね？　だって骨壺が受信機なら、骨壺以外の場所で語りかけないでしょ？　でも、受信機がなくても写真とかにも話しかけてるじゃない？」

ごめん、Sちゃん。うちの一休とんち猫がそう言ってるんだけど。そういうと、Sちゃんが「うっ……」と一瞬言葉に詰まった。

「はんちゃん、深い！　でもでもやっぱり、骨壺は大事なのよぉ〜」

「そうなんだよね〜。愛さんも理屈抜きで大号泣だったもん」

もはや論理構成を無視する人間サイド。

理屈でなく感情表現のみの人間と、シンプルで理路整然とした疑問（禅問答）を投げかけてくる一休とんち猫。一体、どっちが獣性を残し、どっちが知的存在なのだろうか？

〈解説〉猫如来との禅問答

さて、かなり毛色の変わった表現に挑戦してみましたが、どのように感じられたでしょうか？

よく小さな子供が、世界の全てに興味と素朴な疑問を持ち、「なんでそうなの？　なんで？」「どうして？」と大人にしつこく問いてくることから、そのような子を「なんでなんで坊や」とか「どうちて坊や」と揶揄《やゆ》することがあります。

いつも私たちが何気なくやっている行為一つひとつも、こうして改めてその定義や、ものすごく基本的な部分に疑問を投げかけられると、意外と答えに窮するものです。

人間はときに理屈と感情が乖離《かいり》することがあります。矛盾する理論。優先される感情。つじつまの合わないことでも、手放せないものもある。

それもまた私たち人間だと思うのです。

この猫如来との禅問答は、難解なものではなく、ごくごくシンプルなものです。シンプルでありながら、核心をぐさぐさ突いてくる。さらに世の中の常識や社会通念、また私たちの物事のとらえ方を、疑うものでもあるのです。

人は「これしかない」という1点のみのものの見方ではなく、横から後ろから、斜めから上からと、いろいろな角度からものを見ることによって、今まで気づかなかったことに気づき、今まで見えなかったものが見え、今まで聞こえなかった声が聞こえるようになります。そして、新しく開けた視野から見たものは、あなたが長年探していた、今までわからなかったことの答えだったりするのです。

死に関しても「死は永遠の別れ、二度と会えない」「死は忌むもの、辛く苦しいもの」そんな固定化、形骸化された見方だけではなく、別の分野や別の世界から死を見ると、私たちが気づかなかった死の別の顔が見えて来ると思うのです。

死は忌むもの、辛く苦しいものという表現は、私たちが感じる感情的なことです。そう感じてしまうことはしかたがありません。ですが感情的なことというのは、本人のとらえ方や認知の変容（ものの見方の変化）でその感じ方を変えることができるのです。

ある人にとっては死は悲しいものでありますが、猛烈な苦しみを伴う末期の病人にとって、死は安楽な解放にもなりえます。

また、死は永遠の別れ、死んだら二度と会えない、という考えは社会通念上、当然のように定義されていますが、このことが本当かどうかは定かではないのです。

死んだら二度と会えないなんて、実はホントかどうかわからない。納得できる論文もなければ、証明実験などもないのですから。

こんな不確実な定義を、私たちはなぜ盲目的に「死んだら会えない」「もう会えないから悲しい」と思い込んでしまうのでしょう。

歴史の中でたくさんの方が「お迎え現象」や「霊との遭遇」「三途の川体験」を体験しているのにもかかわらずです。

（注：三途の川体験＝死にそうになったら、川の向こう岸に亡くなった人がいたが、自分は川を渡らなかったら目覚めた、など）

死を様々な方向から見ると、私たちの常識や道徳を吹き飛ばす、死の形や考え方があるものです。

そんなふうに死を恐れずに受け入れる考えができ、こんな感覚を実感できたら、うちの子を亡くして泣き悲しむばかりではない送り方ができるのだろうな。そんなふうに思うのです。

第6章

うちの子たちはこの世にいる意味を教える

うちの子ネット

はんちゃんの死後、「もしかして死ぬことって、悲しいことばかりじゃないかもしれない。肉体がなくなったからこそ、できることってあるんだ」そんな感覚を持ちました。なんだか、世界の大きな秘密を発見したような不思議な感覚。

また今まで、うちの子の死という耐え難い悲しみに、どうにか折り合いをつけようともがいていたことが、死は不幸なことばかりじゃないんだ。そんな死に対する思考の変化によって、私の世界から恐怖や恐れ、不安が一気になくなった感じがしたのです。

地球上の生物の中で、健康な時から死を意識して恐れるのは人間だけだと、生物学ではいわれています。生物たちは活動している時は死など意識せず、死に瀕した状態になったら粛々とただ受け入れる。でも、私たち人間は、若く健康なときから死を恐れ意識します。

さらに私たちにとって、自分の死より耐え難いうちの子の死。当たり前の幸せのただ中にいるからこそ、この幸せを失いたくない、この子と離れたくないと、死を恐れ回避しようと躍起になる。

まだ起こらないことを、やっきになって避けようとする。その、まだ来ぬ未来を恐れる生き方に折り合いをつけるため、世界各地で宗教が生まれたともいわれています。

今を生きる人間以外の生物から見たら、どうにも奇妙で難儀な生き方なのでしょうね。

そんなただ中に私もいたのですが、サンダーやしゃもんという自分の犬の死から始まり、施設でたくさんの子を送り、はんにゃの死を経て、ましてよ、死って永遠の別れ？　もう会えない？　死は悲しくて恐ろしいこと？　今まで自分が持っていた、そんな考えがひっくり返った気がしました。

さまざまな実体験を通して、うちの子たちは生きていたら、その愛しい体を抱きしめることができるけど、死んだらまた別の形になって新しい関係性が始まり、実はそっちのほうがこの子との出会いの本番ではないか？　と思うようになったからです。

うまいたとえが思いつかないのですが、たとえるならば、うちの子は死してネットの中の住人になった。そんな感じでしょうか？　ネットの情報というのは、ＰＣやスマホを起動させないと見ることができませんが、実は機器を起動しなくとも、情報自体はすでにネットの中に存在しているわけです。ですが私たちはネットを起動させないとその情報を見たり得たりできません。

あの世の世界もそんな感じで、実は、私たちがアクセスしなくともあの世の世界はすでに存在している。波長が合う（起動させる）と、その存在を感じたり、情報（メッセージ）が見られるようになるが、波長が合わないと（起動させないと）私たちはその存在や情報を得ることができない。

ネットでの情報も実体がないけれど存在し、体をなくしたあの子も実体がないけれど、私たちはどこかにいると信じている。ゆえに身体を抱きしめることはままなりませんが、PCと同じように起動させ（波長を合わせて）あの世のあの子とつながれば、私たちの状況に応じて、さまざまな情報や援助のヒントをくれたりする。

ネットにはたくさんの情報が詰まっていますが、そこにアクセスするかは自分の意志次第。そんなことに似てるなぁと。

ネットは使い方がわからないと起動しません。同じように、うちの子とも波長の合わせ方がわからなければつながらない。つながらないからコンタクトがとれない。そんなところも似てるなぁと感じています。

ですので、あっちの世界に移動したあの子との波長の合わせ方、つながり方を私たち飼い主が自分自身でできるよう、その手段方法を探し出せないものかな？　そんな「うちの子ネット」へのつなぎ方は、私自身まだ初心者マークなので、手探りで失敗しながら、このような書籍やブログ、講演会で少しずつ発信している状況です。

同時に、死に対する私の思考の変化は、ご供養やカウンセリングの現場で弊害も生じ始めていました。

何か生への執着がスポーン！　と抜けてしまった私のそんな感覚は、うちの子を亡くして号泣しながら「妙庵」を訪れてくださる方々の気持ちとの間に、大きな隔たりができてしまったのです。

「死が苦しい。死が悲しい。もうあの子に会えない」

今まで痛いほどその気持ちがわかり、自分のことのように胸が痛くなっていた、飼い主さんとの気持ちに深く共感できなくなってしまったのです。

このときの私はその悲しみに寄り添うよりも、自分が気づいた「うちの子は死んでからが本領発揮！」なのだということを、どうしたら伝えられるか？　その伝え方ばかりを模索し始めたのです。

だってそれが実感できたら、死が悲しくなくなるのだから。

目の前にいる苦しんでいる方が主役でなく、自分が主役になってしまう。その方の苦しみを解放する答えは、その方とその方の大事な子が過ごした物語の中にあるのに。答えは必ずご本人が知っているのに。その答えのありかを探し出すのが、カウンセラーである私の仕事なのに、自分が見つけた答えを相手に押し付けてしまう。

「その子を亡くしたその苦しみから脱する答えは、あなたの中のここにあるこれじゃないですか?」と、その方の中にある、答えの場所を見つけ出すのが私の仕事なのに。「その子を亡くしたその苦しみから脱する答えはこうですよ」と、自分が考えた答えを伝えてしまう。このパターンは多くの僧侶やカウンセラーが陥る落とし穴でもあるのです。

「うちの子に会いたい! もう一度抱きしめたい!」

泣きながら訴えるママやパパに対して、いやいや! いやいや! 死ってそんな悲しいことじゃないんですよ……って、最低最悪の対応です。

自分でもその対応に違和感があったものの、猫如来との禅問答があまりに強烈で納得できるものだったので、「とにかくうちの子の身体が愛おしい」その感覚に戻れなくなってしまっていたのです。

そんな矢先に、施設の猫で私が一番かわいがっていた「みんみん」というおばあちゃん猫が亡くなったのです。

実はこの思考の落とし穴から引っ張り上げてくれたのは、なんとみんみんだったのです。

そんな、みんみんの話をシェアさせてください。

私のみんみん

みんみんはもうずっと昔、旧施設近くの河川敷に突然現れたメスの三毛猫。着けられた首輪をかきむしったのか、首輪に前足が入ってしまい、たすき掛けの状態になったまま、ヨタヨタと河川敷を歩いていたところを愛さんに保護された。もう大人の猫だったが、小さな首輪に無理やり前足が入ってしまっていたので、首も脇もぎゅ～っと絞められたまま、長い時間放浪したのか？　首と脇の皮膚が裂けて腐ったように膿が溜まっていた。

捨てられて、もがいているうちにこんなふうになったのか、または誰かにこんなふうに首輪をかけられて放置されたのかは不明であるが、保護した当時は攻撃的で触《さわ》ることができない。なんとか治療をして落ちつくと、その三毛猫はいつも香箱《こうばこ》座りをするようになっていた。手をすそに隠すような姿が、チャイナ服を着ている娘さんのようだったので、愛さんが「みんみん」と名づけた。

私が出会った頃のみんみんは外にも行ける自由な生活をしていたが、他の猫も人間も好きではなく、離れの小屋でいつも一人で過ごしていた。

少し毛足の長い三毛なのだが、女子のくせにグルーミングを一切しない。ゆえにあちこちが激しく毛玉になっている。手入れをしようにも爪を出すので触れない。そうこうしているうちに、全身が絨毯《じゅうたん》のようになってしまった。このままではノミダニもつくし、皮膚病にもなりかねない。みんみん自身もかゆいところがあっても絨毯のような毛に阻まれ、かくこともできず見るからに不便そう。しかたないので、威嚇して抵抗するみんみんを網で捕獲して、病院で軽い鎮静をかけてもらっての丸刈り。

女子にしては大きな猫だと思っていたが、毛を刈られて出て来た本体は寸詰まり体型で、思いのほか小さな猫だった。帰ってきたみんみんは、かゆいところにも手が（爪が）届くようになったのか、さっぱりして涼しくなり快適なのか、丸刈りの自分がお気に入りのようだった。

ただ捕まえるのに追い込んで、網で捕獲して病院で無理やり毛刈りをしたので、キツイ性格に輪をかけて、さぞかし人間不信になっているだろうと思っていたのだが、私たちの不安を裏切り、なんと、それからみんみんは人間がいる室内に入ってくるようになったのだ。それもいきなりのスリスリのごろにゃん猫に大変身！　まるで別の人格（猫格）が入れ替わった如くの変貌ぶりに人間たちはビックリ仰天。

発砲スチロールの箱を破壊していた元気な頃のみんみん。不敵な顔つき。

それからというもの、日中は誰ともつるまず一人で過ごし、愛さんが帰宅するとべったり。愛さんのことが大好きな猫たちに交じって、愛さんの寝床の争奪戦に参戦するようになったのだ。

そんなみんみんはいろいろと変わったところがある猫で、まずはとにかく無表情。相手が猫パンチを放ってきても、避けないどころか瞬きもしない。当然、相手のパンチを食らうのだが、たじろがず無表情でパンチを受ける。そのあと、これまた無表情でパンチを繰り出すみんみんの不気味さに、多くの猫は一目を置いていたように思う。

結局、愛さんが寝るときに右肩はに

じお、左肩にはちっち、その横にみんみん。頭の上にはドロ、足元にしろと先代ボスの大きいピースが、定位置になった。

みんみんを含め、この猫たちはみな愛さんが保護した子たちだが、日中は車の心配がない河川敷や野外で自由に過ごし、愛さんが帰宅したり私がボラに来ると、一斉に室内に集まってきていた。そんな彼らは猫として一番幸せな環境にいたと私は思う。自由な生活と快適な室内、美味しいご飯。猫の性質にもよるが、外も人間も好きなタイプの猫にとって、この3点セットは楽園の条件だ。

そんな生活を満喫しているみんみんなのだが、特筆すべきは、たまに夜になると月に向かってしゃべっていることだろうか。

「くるる。くるる。うにゃっ。うにゃっ。ころろ〜。うるる〜。ふにゃふにゃ」

空に向かってしゃべるみんみんの話し言葉は、通常の猫たちの話し言葉とあきらかに異なっていた。月や闇夜を見上げて、不思議な言葉で交信している。何を話しているのか？誰と話しているのか？　なんのために？　その全てがなぞ、という不思議で神秘的な猫がみんみんであった。

顔の模様もまるでマスクをかぶっているようで、それが彼女の無表情さや神秘性を際立たせていたように思う。身体も独特でなんというか、抱くとダンゴムシのように丸くなりすっぽりと手の中にフィットする。毛足が長いので大きく見えるのだが、抱くとその軽さに戸惑うくらい。みんみんは触《ふ》れるといつも「うにぁっ」とひと言もらす。その声がかわいくてかわいくて。用もないのにみんみんにちょっかいを出しては、「うにぁっ」。その声に聴き惚《ほ》れていた。

そんなコミュニケーションがとれるようになってからのみんみんは、触れられなかったことがまるで嘘のように、何をしても怒らず嫌がらない猫で、グルーミング、爪の手入れ、耳掃除と何でもさせてくれたので、彼女の身体はいつもピッカピカ。

施設にはたくさんの猫がいて、どの子もみなかわいいのだが、やはり私たち人間サイドには「この子は特別」というお気に入りの子ができるもの。

愛さんにとっても「犬ならジャイ子。猫ならにじお」そんなことを言わしめる子がいた。私は施設の子の中ではやはりみんみんがお気に入りで、もし事情があって飼うならば、みんみんを自分の猫にしたい！　と思っていた。

そんなみんみんがかなりの老齢になったころ、河川敷近くの施設が三重県への移転が決まった。三重県に移転ができれば、みんみんと一緒にいられる時間が増える。私はそんなことを思い、「一緒に元気で三重に行こうね。みんみん」私はことあるごとに抱きしめ話しかけていた。

そのみんみんが施設移転の直前に、脳梗塞でいきなり倒れた。

ずいぶんと病院に通い治療を続けたが、右に傾いたまま、たまに痙攣《けいれん》発作が出るようになり、以前とくらべてみんみんの行動は制限され、動作も緩慢であまり動かないようになった。

（もう17〜18歳だし、新しい施設には行けないかな？　その前に逝ってしまうかな？）

そんな心配をよそに体調の上がり下がりはあるものの、みんみんは、新しい施設でそれなりに穏やかに暮らすことができた。

そんな身体ではあったが、新施設でも相変わらずみんみんはたまに宇宙と交信をしていた。夜空に向かって、

「くるる、くるる。うにゃっ、うにゃっ。ころろ〜。うるる〜。ふにゃふにゃ」

相変わらず意味不明。いったい何を交信しているのやら。

私はそんなみんみんがかわいくて、愛おしくて、一緒にいられるだけで幸せで、ことあ

るごとにみんみんを抱いてなでて、すっかり軽くなった身体に顔を押し付けて匂いをかいで、「うにゃぁ」という愛らしい声を聞きその存在を愛おしんだ。

新しい施設は、猫返し付きのフェンスに囲まれた広い草地の野外もあり、猫が自由に入れる東屋が何棟もある。しかし若いころ十二分に河川敷で自由に過ごしていたみんみんは、もう外には興味がないようで、ずーっと室内のストーブの前やソファでまったりする日々。しかし小さな発作を繰り返すうちに、いつのまにかみんみんの目は見えなくなっていた。そして目が見えなくなったと同時に痴呆状態も出始めた。

みんみんは抱き上げても、もうあの鳩のようなかわいい声を、聞かせてはくれなくなっていた。わからなくなっているのだ。何もかも。

私はそんな目も見えず痴呆になったみんみんに切ない思いはあったものの、かわいそうというより、目が見えなくなったと同時に痴呆で良かったなぁ、と感じていた。

みんみんは白内障や緑内障がなく、脳梗塞の発作を起こしていたので、だんだんと視力がなくなったのではなく、突然見えなくなったと推測された。思考や意識がはっきりしている犬猫の場合、ある日突然に失明したら、そのパニックな状況が自分の中で折り合いがつくまで、とても辛いだろう。しかし、痴呆であれば思考や判断能力が極端に低下するため、当猫は「なんだかわからない状態」ではなかろうか？

「みんみんが目が見えなくなったこともわからないなら、痴呆でいいよ。おしっこもおトイレでできなくても、徘徊しても、雄叫びしても大丈夫だよ。みんみんが辛くないのが嬉しいです。みんみんが夢うつつでも痛くないのが嬉しいです。痴呆のままでもいいので、できたらもっと一緒にいてください」

そんなことを語りかけていた。抱きしめても、語りかけても、もう何の反応もなかったが、それでも私はみんみんが愛おしくて愛おしくてたまらなかった。

もう、生きていてさえくれれば、みんみんが辛くなければあとは何でもいい。そんな気持ちになっていました。

痴呆で盲目になったみんみんを健常な猫たちが、その動きを不思議そうに見ながら叩いたり、ぶつかったりするのには閉口した。ヨタヨタ歩くみんみんを健常な若い猫が、面白がって叩くのだ。そのたびに不安定なみんみんは転がってしまう。そんな若猫たちの蛮行にいちいち目くじら立てて怒っていたが、当のみんみんはそんなこともわからなくなっていた。

そのうちみんみんに徘徊が始まった。同じところをぐるぐる回ったり、狭いところに入り込んだり、ときに雄叫びをあげ続けたり。

このころになると、無制限に食べ物を欲しがったり、まったく食べなくなったり、失禁や発作を繰り返すようになった。抱いてもまるで人形のように反応がない。いつも私を楽しませてくれた宇宙への交信も、すっかりできなくなっていた。

遊泳運動発作があると、そのたびに愛さんと、

「苦しくないかな？　自分ではわからないならいいんだけど、どうなんだろう……。こんなに発作を起こしながらなかなか逝けなくて、安楽死を視野に入れたほうがいいんじゃないだろうか？」

そんなことで、毎日が悩み落ち着かない日々だった。

徘徊もあるので狭いところにハマったり、他の猫に叩かれたりしないよう、みんみんの居場所を他の部屋に移した。転んでも痛くないように、薄手のマットを敷きつめ、入り込みそうなところにもウレタンを挟む。隙間にスッポリと身体が入り込むと、バックができないため立ったまま挟まっていたが、思いのほか安定して挟まっていたので、あえて全て

寝たきりになったみんみんに寄り添う、施設のナイチンボーイかきね。

の隙間をなくさないようにしていた。

この部屋でみんみんは徘徊し、隙間に挟まり、発作で倒れ遊泳運動をしながらも、ご飯だけは介助をすると食べながら一人の時間を過ごしていた。

このような状態はそんなに長期になるハズがない。そんな私たちの思惑と裏腹に、思いのほかみんみんは長期にわたり、盲目で痴呆のまま、徘徊・発作・遊泳運動を続けていた。じりじりと痩せて小さく小さくなりながら。

このころは丸1日徘徊を続けていたり、次の日はただひたすらに眠り続けるというルーティンを繰り返していた。それはなんだか、身体を使った徘徊と眠り続けるその姿が、まるでこの世とあの世を逝ったり来たりしているように私には見えていた。

それでも、はんちゃんのことがあったので、切なくはあったけれど。

「もう頑張らないで。早く逝けたらいいね。死はお別れじゃないからさ。みんみんは宇宙と交信していた不思議な猫だから、はんちゃん以上に私に何かコンタクトをくれるかもね」

そんなある意味、楽観的な気持ちだった。

痴呆徘徊しながら、食欲も落ちている20歳くらいの老猫。身体はもうカスカスに痩せている。亡くなるときは体力もないことだし、他の老猫たちのように枯れて眠るように逝くのだろうと思っていた。みんみんと仲良しだったはんちゃんのように。

愛おしい子の壮絶な最期

そんなある日の朝。みんみんがいきなり、今までにないような激しい痙攣《けいれん》に襲われた！

口から泡を吹きながら、おしっこをまき散らし、文字通りの七転八倒。手足をバタつかせ必死に宙をかく、そのあまりの激しさに、私も愛さんも瞬間的に「もうこれはダメだ！」

と思った。とにかくこんなに苦しんでいる猫は見たことがなかった。それくらい激しい苦しみに私たちには見えた。本人に意識があるかどうかはわからないが、昏睡はしていないし、意識が飛んでるようにも見えなかった。泡を吹き、七転八倒しながら悶絶するその姿に、私は我を忘れて大パニックになった。

とにかくこんな壮絶に悶絶している苦しみを、今すぐ一刻も早く止めないと！

今までいくつもの重篤な病気に見舞われ、さらに長い長い闘病をしてきて、最後にこんな見たこともないような苦しみ方をするなんて。私のみんみんが、かわいい、愛おしいみんみんが。大切な子がどうして？　こんなしなびた体力のない老猫が、どうしてこんなに激しく苦しんでいるの!?

「妙玄さん！　すぐに病院に行って、安楽死をお願いして！」

愛さんにそう言われるも、山を越えて行く病院まで1時間以上かかる。こんな状態でそんな長い時間苦しませたら安楽死の意味がない。今すぐ、一刻も早くこの苦しみを止めてあげないと！　その間もみんみんは口から泡を吹きだし、おしっこをまき散らし、七転八倒を続けていた。

「愛さん！　愛さん！　お風呂場に……」そう言いかけた私の言葉をさえぎって愛さんが、

「俺が首絞めるか？　みんみんのためなら俺、できるぞ！」と言った。

私がお風呂に沈めてあげてと、そう言いかけたことを愛さんは察知したのだ。

しかし、愛さんの「俺が首絞めるか？　みんみんのためなら俺、できるぞ！」その言葉を聞いたとき、愛さんなら本当にやるだろう、と思った。

でも、みんみんの物質的身体的な苦しみは終わっても、愛さんは？　愛さんはそれからどうするの？　自分の猫の苦しみを止めるためとはいえ、首を絞めて殺して……そのあと愛さんはどうなる？

「病院に行きます」

他に重篤《じゅうとく》な子がいるため、病院に同行できなかった愛さんにそう言った。すぐに病院に安楽死のお願いの電話をして、私は車に飛び乗った。助手席には箱の中で相変わらず激しく七転八倒するみんみん。

「ああ……ああ……ああ……みんみん。みんみん、みんみんが……」

運転席に座るもパニックになり、泣きながらガタガタ震える私に、愛さんが怒鳴る。

「しっかりして！　妙玄さん！　落ち着いて行って。もう病院に着くまでどうしようもないんだから。落ち着いて運転して。深呼吸して！」

そう言われて、コクコクうなずくも、助手席のみんみんはバタバタ、バタバタバタバタと大きな音を立てて暴れている。

「ああ、みんみんが。みんみんが……」

私はそんなことをつぶやきながら、とにかく病院に車を走らせた。しかし、日曜日で道が渋滞している。みんみんが苦しみ始めてからもう30分以上たっている。末期で激しい苦しみがこんな長く続く老猫は、たくさん送った施設の猫でも見たことがなかった。

このままだとまだ1時間はかかる。私はコンビニの一番はじの駐車場に車を止めて、愛さんに電話をした。

「愛さん、道が混んでてまだ1時間はかかります。みんみんはあのまま七転八倒を続けています。殺してあげていいですか?」

「どうせできない! やるなら確実に殺してあげてくれ! 途中でやめたらよけい苦しむ。だけどできっこないんだから、やめてくれ」

そう言われ電話を切った私は、スーパーのビニール袋を取り出した。首をひもで縛るのが一番確実だと思ったが、それはできそうにない。

「できる!」「できる! みんみんを楽にしてあげる」「私はできる!」そう唱えるも、ハッ!

ハッ！　ハッ！　と息を吸っても入ってこない。私は緊張で過呼吸になっていた。でも、もうこんなに長い時間苦しんでいる。なんで？　みんみんばかりがこんな目に……。早く、一刻も早くこの苦しみを終わらせてあげたい。

暴れるみんみんの口と鼻をビニール袋でおおい、強く押し付けた。愛さんの言葉が響いた。「やるなら途中でやめないでくれ。よけいみんみんが苦しむ」。

私は自分に念じ続けていた。「私、できる。やってあげられる。この苦しみから解放してあげられる。楽にしてあげられる。私できる！　私できる！」。

ハッ！　ハッ！　ハッ！　吸っても吸っても入ってこない息に、私のほうがこのまま失神してしまいそうだった。

みんみんの口と鼻をふさいだビニールに力を込めた。

七転八倒を続けていたみんみんの身体から力が抜けた。

あ……逝けた？　逝けたの？　でもでもでも……もう少し。

そう思った瞬間、みんみんがあごを上げてのけぞった。みんみんの白いのど元が見えて、その白いのど元がかわいくてかわいくて、愛らしくて、愛おしくて。

私はビニールで口をふさぐことができなくなってしまい、思わず手を放した。おとなしくなっていたみんみんが次の瞬間、またさらに激しく痙攣し始めた。私はもう口をふさぐことができなかった。愛さんの言葉がまた響いた。「どうせできない！」その通りだった。すぐに車を出し、病院に直行。もう迷いはなかった。とにかく病院で安楽死を！　早く、早く！　早く安楽死を！

病院に着くと、スタッフさんが駐車場で私の到着を待っていて、すぐにみんみんを抱きかかえて診察台に乗せてくれた。その光景をドアにしがみついて私は見ていた。

診察台に乗せられたみんみんに、院長先生が聴診器をあてがおうとした次の瞬間、先生が私のほうに振り返り、「亡くなりました」とつぶやいた。

私はドアにしがみついたまま、ずるずると腰が砕け、「ああ……やっと逝けた。やっと逝けた。やっと逝けた……」そう独り言を繰り返していた。

みんみんはなんと2時間近くも七転八倒しながら悶絶したのだ。

こんな年老いた長い闘病をした、しなびた猫のどこにそんな体力があったのか。

スタッフさんがきれいに処置してくれたみんみんを私に渡してくれた。院長先生が「妙玄さん。妙玄さん、大丈夫ですか？　これわかりますか？」と確か指を何本か私の目の前に差し出した。先生は何度もなんども大丈夫か？　運転はできるか？　休んでからゆっくり帰るようにと言ってくれた。それほど私は髪を振り乱し、目の焦点が合ってなかったのだろう。なかば放心状態で施設に戻り、愛さんが掘っていた穴にみんみんを埋めるときに、私はお経もお唱えできなかった。

とにかく、みんみんのあの断末魔の姿が消えないのだ。もうみんみんは亡くなっているのに、私の脳裏では断末魔のみんみんの姿が、現在進行形で絶えず繰り返されていた。みんみんの人生のほとんどを占めた幸せだった時間がなくなり、まるでみんみんの人生が最後の場面しかないかのように。最後の日の場面が壊れたレコードのように、私の脳裏に何度も何度も繰り返しなぞられていた。

数日間は悲しいというより放心状態だった。まるで七転八倒を続けていたのが自分かのように、私は疲労困憊していた。

そして突然、はた！　と気がついた。

やっぱり身体が愛おしい

はんちゃんの死があまりにもスッコーーーン!!　と抜けていたので、死ということに対して「なんだ。別に怖いことでもないし、会えないってことじゃないじゃない？」と、私はそんな認識になっていたのです。確かにそれはそうなのだと今でも思うのだが、ご供養にいらしたり、ペットロスで苦しんでいる方々との気持ちや表現の乖離が起こってしまっていたのである。

実ははんちゃんの死後「妙玄さん、犬猫たちは死んだらどこに行くんですか？　生まれ変わりはあるんでしょうか？」と、お茶会で聞かれたときに「死んでも存在が消滅するわけではないので、肉体という鈍重な殻を脱げるから、よりコンタクトがとれやすくなるんですよ。肉体は魂の入れ物ですから」みたいなことを言ってしまった私。質問された方はぽっかーーーんとした表情で。私はなんて最低の受け答えをしたのだろうか。

私たちはうちの子の身体が愛おしいのに。うちの子のお骨が手放せないのに。うちの子の水飲みやリードやベッド、そんなあの子が使った形ある物が捨てられないのに。あの子はもうおうちにもいないのに、散歩コースでいつもあの子の姿を探してしまう。どうしてもあの子の姿を見たくて。

私たちはあの子の姿を目で見て、あの子の匂いを嗅いで、あの子の声を耳に残し、そしてあの子の愛しい身体を抱きしめたいのだ。あの子の存在を、重さを感じ、柔らかい被毛をなでたいのだ。私たちはあの子の魂がなんちゃらじゃなくて、あの子の身体という物体が欲しいのだ。だって私たちは物質の世界に住んでいるから。

ただ、猫如来が教えてくれたことは、真理だと私は思う。

「土に埋めたジメジメした場所にいると思ってないでしょう？」

「うちの子はどこかとてもいいところにいる！　いつもそう言っているよね？」

「やっと汚くて重い身体を脱げたのに、なんで必要な子にあげちゃいけないの？」

私だってそう思っている。思ってはいるが、同時にうちの子が使ったもの全ての物資が愛おしいのだ。器もベッドもリードもお骨も。粗相したシーツの染みも、その使い切った干からびた身体も……。あの子が生きた痕跡その全てが宝物なのだ。

みんみんは、はんちゃんの死後、私に思い起こさせてくれたのだ。

「それでも理屈じゃなくて、真理とかじゃなくて、私たちはうちの子の身体や遺品など、（物が）愛おしい」のだと。魂という不確かなものでなく、私たちはとにかく抱きしめられる身体そのものに執着する。

私たちはこの世で身体という魂の入れ物に執着しながら、入れ物から出たあの子の魂を探し続ける。私たちはこんな矛盾を抱えながら、泣きながらあの子の亡骸に執着しながら、同時にあの子の魂のありかを探す。

そう、私たちは物質の世界に生きている。この世界で生きながらも、死後の魂のあり方を模索するのは、あの子が死んだあともとずーっとつながっていたいから。私が死んだらまた会える。そんなことを信じる材料がほしいから。

それは私たち飼い主が、避けては通れない動線上にあるということを、きっと私たちは気づいている。

使い古したボロボロの肉体も、存在の痕跡を残すものも、その中にはいないとわかっている骨壺も、私たちにはその全てがたまらなく愛おしく、かけがいのないもの。

みんみんは身体を張ってそのことを思い出させてくれたのだ。みんみんがどうしてあんなふうに死ななければならなかったのか、その答えを私は見つけた気がした。

はんちゃんの死とみんみんの死は、あの世とこの世をつなぐものだ。

あの子たちの魂同様、私たちの思いも、あの世とこの世を行ったり来たりしているように思う。あの世での存在を信じたかったり、信じられない自分に苦しんだり。

それでもなお私は、あまりに長い時間みんみんが壮絶に苦しんだ姿を見たために、その映像をなかなか手放すことができなかった。意識が飛んでいたり、昏睡状態での筋肉反射ではなく、あきらかにみんみんには意識があり、苦しんでいるように見えていたからなおさらだ。

想いの大転換――イメージを絵にした虚々実々

みんみんのことは、その長期闘病の経緯をブログに載せていて、その死の報告をしたときに、たくさんの方からお悔やみと励ましのメールをいただいた。

多くは「愛さんと妙玄さんが直接、手をくださなくて本当によかった」という内容だった。その通りなのだ。そんなことをしたら、私たち自身が一生抱えるトラウマになったかもしれない。あの時はそんな自分の今後のことなんて考えもしなかったけど。

あるとき1通のメールに心が留まった。

「みんみんちゃんは脱出がうまくできなくて、足が身体に引っかかっちゃったんですね。だから苦しんでいたわけではないと思います」という内容だった。

私が一番知っているみんみんのことを、他者から知ったふうに言われたことに、とても違和感を受けた。もちろん、励まそうとしてくださったのはわかっているが。

しかし、なんだかずーーーっと、この一言が心に残っていたのだ。
あるとき、私はみんみんがなんであんなふうに長い時間、七転八倒したのかを漫画に描いてみた。

あの世の目で見ると……

「足が体に引っかかって、とれなーい！」

同じ光景がこの世では……

七転八倒するみんみんに大パニック！

その漫画は、ボロボロになった肉体から出ようとしたら、足が引っかかってしまって肉体から出られず、あたふたあたふたしているみんみん。脳梗塞で長いこと動かず痴呆だった肉体の感覚が、まだ抜け切れていないので思うように体が動かない。その様子は、「あ

虹の雲間からはんちゃんが
みんみんとママンのピンチに気づいて

はんちゃん、みんみんのレスキューに出動

いざ！　虹の橋の仲間のところへ！

の世の目」でみたらそんなふうに見えるのだが、「この世の目」でみると、みんみんが苦しんで七転八倒しているように見える。と、そんな内容。

あの世から来たはんちゃんが、みんみん本体を身体から引っ張り出してくれた瞬間は、「ああ……みんみんやっと逝けた……」と実際に病院でへたり込む場面だ。

あの世での出来事と、この世での私のわたわたをリンクさせてみたのだ。

なんだか、この漫画を描いていてすごく楽しくて、「なんだそういうことだったんだ」と、

自分が描いた漫画に妙に納得できて、あの苦しみのみんみんをようやく手放せたように思う。

この漫画はもちろん私の空想・イメージなのですが、これがただの空想であると現代科

学は断言しません。空想にすぎないと断言できる科学的証拠がないからです。このイメージ通りのことがこの世とあの世の境で本当に起こっていた。だからこそ、メールをくれた方や私が映像としてキャッチした。実はそれが真相なのかもしれないのです。科学とは目に見えないものを、目に見えるものを使って証明することだから。

ならば、みんみんの漫画もあながち幻ではないのかもしれません。

みんみんの生前、あまりにも大きな病気ばかりに襲われるのをみて、愛さんが「なんで、なんでみんみんばかりこんな大きな病気が続くんだろう。最後まで身体いっぱいに苦しんで」そう言っていた。

私は今、その答えを知ったように思うのです。

それは私にこの世にいる意味を教えてくれるため。

そのために目いっぱい、自分の物質としての一番の表現媒体である肉体を駆使して、活用して逝ったのかなぁ。だとしたら、ありがたいけど、すごく切ない。

私たちがうちの子に持つ、感謝と切なさはいつも表裏だ。ひらひら、ハラハラと表を見せ、裏を見せ、私たちの心を翻弄《ほんろう》する。

今思えばあの宇宙との交信は日々綿密に、作戦会議をしていたのかな。もっと私の受信機としての性能を良くしたら、その真意がわかるのかな。

本当に、うちの子たちは小さな入れ物に閉じ込められた偉大な魂なのだと私は思う。死なないと、肉体を捨てないとその魂は解放されず、本来の力を発揮できないのだから。

第7章

怒りを愛に転換する世界へ

共鳴し合う怒り

うちの子を大事に思うほど、世の中にあふれるペットや動物たちへの虐待のニュースに、心を痛める方も多くいらっしゃるかと思います。私たちの世界では連日ペットや動物たちに、目を覆いたくなるほどの残虐な蛮行が、世界各地で行われています。今、この瞬間も。それはニュースになり配信されるものもありますが、他者に知らされず水面下で行われ、闇から闇へ葬られるもののほうがはるかに多い。

多くの方がそんなむごたらしい虐待のニュースを見るたびに「どうしてこんなむごいことができるのか？」と心底、疑問に思うことでしょう。

世のペットたちを取り巻く闇の部分は、虐待目的の惨殺、その様子をネットへの配信、一般家庭で行われる飼育放棄や過酷な飼い方、動物たちをモノ以下に扱う悪徳ブリーダーやネットショップ、多頭飼い崩壊に行政の殺処分。または殺処分を回避したがための、小さな場所での過密飼育。

ペットに対して人間たちが繰り広げる闇は、多岐にわたり深刻で根深い。

そんなニュースは見たくなどないのだが、ネットに載っているとやはり気になってしまう。虐待の内容がたとえ1頭であれ、多数であれ、その驚きと痛みは私たちにとって衝撃的だ。わがことのような怒りと痛みを感じるのは、その情景を私たちが自分でイメージしてしまうから。

虐待の記事や写真、動画が発信する破壊力は猛烈です。その犬猫が直接受けた残虐な行為そのもの以外にも、そんな情報を得た私たちは、何度も何度もその光景をイメージしてしまい、その子の恐怖や痛み、叫びに共感してしまうのです。まるで自分の大事な子が目の前で惨殺されているかのように。

優しい人ほど、愛情深い人ほど、繰り返しその痛みを自身の脳に刷り込んでしまう。まるで傷口に塩を擦り込むように、その痛みはいつまでも、ヒリヒリと私たちを痛めつけていくのです。

胸が潰れる思いと恐怖、終わらない痛み。そのあと何時間たっても何日たっても、同化してしまった恐怖に押しつぶされてしまうことも。

「なぜ、こんなむごいことができるのか？」

その理解不能な感覚と恐怖は、同時に私たちの中で猛烈な怒りへと形を変えていくのです。お気づきでしょうか？　怒りの根底をあるのは恐怖であることを。ですので、このような虐待の情報に恐怖を感じるかぎり、私たちは怒りと無縁になることはないのです。

この虐待情報の破壊力は強烈で、このようなニュースを見たり読んだりすると、その蛮行をしている人間に対する猛烈な怒り、無抵抗に暴力を受け続ける、犬猫たちの恐怖と痛みへの同化、そんなものが私たちの感情と身体を支配します。

どうしても考えてしまう残虐なシーン。その情報を見たのは1度だけなのに何度も何度も反芻《はんすう》してしまい、脳裏から消えなくなってしまう。自分に何かできることはないかと考えているうちに、へこんだ心の修正ができず、自分の無力さを呪い、人間に幻滅し、無気力になっていく。

また、虐待の犯人に直接届かない怒りは、別の方向に矛先を向け、時として暴走してしまうことにもなりかねません。根底に怒りを持つ思考は、犬や猫にしか視点が当たらなくなり、人に対して攻撃的、支配的に変異していくことが多々あります。

そして、その怒りは自らの心に負担をかけ、実際に身体を蝕《むしば》んでいくのです。

人間は怒ると実際に身体がものすごく疲弊します。それは人間が怒りの感情を作り、戦闘態勢にシフトするために、さまざまなホルモンや神経系統がフル活動するからです。さらに常時は身体を守りメンテナンスしていくための、ビタミンやミネラルなどの補酵素もものすごく消費されてしまいます。

怒りはどんな内容であれ、自身の身体を酷使し痛めつけ、様々な病気の発症につながります。怒りで緊張し続け、常に交感神経支配となった身体は、うつやパニック障害を始めとする心の病や、心筋梗塞・脳梗塞などの身体的疾患の引き金にもなりうるのです。

さらに虐待をした犯人や、動物愛護にうまく機能しない行政、他者に向かっての攻撃的な思考は言葉や態度なって現れます。不幸な子を助けたい、という正義感で活動しているつもりが、いつのまにか自分の考えを押し通すようになり、孤立してしまう。

そしてまた、そのイライラや怒りが心身を病んでいく。

動物たちのために奔走する人たちが、むごたらしい虐待場面に繰り返し遭遇し、そこで苦しむ犬猫たちと関わっていくことによって、身体や心に深刻な病を負うことが多いのもまた憂慮する事態だと私は思うのです。

優しさと正義感から始まった活動が、いつしか周囲の人とトラブルになったり、心身共に自分を追い込むものに、変わってしまうことが決して少なくありません。

確かに無抵抗な犬猫たちに対する虐待には、激しい怒りが起こります。ですが、そのために自分が病んではいけないのです。何よりも大事なことは、私たち自身が健康な身体でいないと、協調的で明るい健全な思考にならないのです。

怒りに飲み込まれる、そのこと自体が闇の住人の思う壺。過激な虐待配信を見るたびに、ネットにあげられた虐待記事のカウントが上がります。ますます過剰になる虐待行為。見ている側も怒りで翻弄されていく。

また、止められない怒りは、虐待の犯人に対してこんな言葉を投げかける。

虐待のニュースをみると、ついこんな言葉を心でつぶやいていませんか？


「コイツも死ねばいい」

「おなじ目に遭えばいい」

「苦しめばいい。死刑になればいい」

「生きてる価値がない」

そして犯人がより重刑になったり、犯人の人生が破滅していったりしたら、思わずこんな言葉をつぶやいたりしていませんか？

「ざまーみろ！」……と。

実はこの言葉は、虐待をしている人が犬猫を虐待しているときに発する言葉でもあるのです。

犯人は犬猫を虐待しながらこう言うのです。

「(苦しんで)コイツも死ねばいい」

「(社会で苦しめられた俺と)おなじ目に遭えばいい」

「苦しめばいい。(お前の命は俺がにぎっているんだ)お前は死刑だ」

「(お前なんか)生きてる価値がない」

「ざまーみろ!」……と。

憎しみのあまり、犯人と同じ世界に入り込み、同じ感情で同じ言葉を発してはいけない。どうか犯人がいる闇の中に引きずり込まれないで。

どんな理由であれ、相手がどんな非道なことをしたとしても、誰かの死を願い、誰かの人生を呪い、誰かの不幸を喜ぶ。「ざまーみろ!」「死ねばいい!」そんなことを……。

お気づきでしょうか? 何かの死を求め、何かの不幸を喜ぶ。それは犯人の心理だということを。

どうか怒りの連鎖を断ち切ってください。

相手の怒りと残酷さに対して、仕返しの思考で対抗してはダメなのです。闇の住人と同じ思考、同じ言葉を使って、同じ世界に入り込んではならないのです。

あなたがそっちに行ったら、虐待を受けて死んでいった子たちは、それこそ無駄死にになってしまいます。その子の短い人生は、痛みと恐怖と絶望だけの人生になってしまうのです。その死はどこにもつながらない。

その子の死を痛ましいと思うなら、今なおお苦しむ、たくさんの不幸な子を救いたいと願うなら、怒りではなく愛と優しさを土台にした、今のあなたにできることをしてください。振り返ったときに「あの子のあの痛ましい死があったから、私はあれからたくさんの不幸な犬猫のために行動することができた」そんなふうにあの子の死を、他の子の生につなげてください。

どうか怒りを手放して、愛を土台にしてください。優しい気持ちで人と接してください。優しい言葉を使って下さい。

それはあなたの大切な子が、生前あなたに教えてくれたことではなかったでしょうか？

死して光なす小さな戦士たち

残酷な生《せい》を生き、絶望の中で死んで逝った子たちは、死んで初めてそのむごたらしい人生を訴えることができるのではないか、と私は思っています。

その子たちの痛ましい人生を知って、これ以上不幸な子を生み出さないよう、私たちが何か救いになることができたなら、その子たちはただのかわいそうなだけの存在ではなくなる。私たちを通して多くの同胞を救うヒーローです。それが悲劇であってもヒーローに変わりはありません。その子たちは私たちの手を通して、生きた意味を持つのです。

生きているときには粗末に扱われた子ですが、その悲惨な人生があったからこそ、その人生に私たちが気づき「この不幸な現状をなんとか打破しよう！」と多くの人を奮い立たせる。この子にはそんな力とお役目があるのかもしれません。

この子の本当の目的が達成されるのは死んでから。そんなこともあるのではないでしょうか？　生きていてできることもたくさんありますが、死なないとできないことも、またたくさんあるのですから。

生と死は表裏で継ぎ目がないのだから、生だけが勝者で死が敗北なのではありません。

現実的な面から考察してみると、生き物の身体を壊すのは一瞬でできますが、治すのは至難の業です。

以前、子犬が口に爆竹を巻かれて火を点《つ》けられ、あごも鼻も吹き飛ばされて保護されたというニュースがありました。保護した団体はあまりのひどさに言葉を失い、安楽死を考えたそうですが、そんな体にされても、その子があまりにも人間を信頼し、人が大好きな様子を見て大手術に踏み切った。繰り返し繰り返し、行われる再生手術の様子を発信していたら、世界中から引き取り手が殺到したというのです。

子犬の口に爆竹を巻いて火を点けるまで、ほんの数分のことでしょう。ですが、この子は一生身体の多くの機能を失い、そしてたくさんの人間たちが、飼い主のいないこの1頭の小さな犬のために、莫大な労力と高額な資金を使って治療にあたるのです。また、いくら再生手術をしても、このような重篤な症状の場合、この子には一生不具合や後遺症が残ります。

そして、その欠けた部分のお世話を、里親になった人は一生していくことになります。

このようなことは世界中で起きている。壊す、殺すのは簡単。でも救うのは至難の業。

ですがこのようなケースの場合、殺す、壊すのは一人か数人。けれどもレスキューして保護して、治療してお世話して里子に行くまでは、たくさんの人の力や寄付金、物資、愛情、応援、協力が結集するのです。ネットで拡散されれば、さらに愛と善意の力が広がっていきます。

そしてレスキューや保護の熱意は、やればやるほど助ければ助けるほど、もっと助けたくなり愛や知恵、工夫や協力者も増えていきます。

怒りから愛へ

闇は分断し分裂していきますが、光の行為は結集し統合していく性質があるのです。

だからどうか闇の出来事ばかりを凝視しないで。闇の存在を知り、法改正への訴えや裁判の傍聴、署名活動など、何か自分にできることをと、行動に移すことも重要なことです。ですが、闇に引きずり込まれそうになり、怒りに翻弄され自分が保てなくなるのであれば、そんなときは光を見てほしいのです。

世の中には残酷なこともたくさんあるのですが、心が震えるほどの感動もまたあるのだから。虐待された子が九死に一生を得て、その後愛されて大事にされ、おうちの子として幸せな一生を送った。そんな子もたくさんいるではありませんか。

もしかしたら、あなたのおうちにいる子も、そんな不幸な状況から生還をし、あなたの子になれた大強運な子ではありませんか？

犬や猫、動物たちをお金儲けの道具にし、蛮行に走る人はたくさんいます。ですが、自分の私財を投げうって命をかけて、そんな子たちを助け続ける人だってたくさんいるのを、私たちは知っているではありませんか。もしかしたら、あなたもそんな勇者の一人かもしれませんね。どうか闇ばかりを見ずに光の方向を見てください。どうかそんな仲間を増やしてください。

目的がないなら残酷な情報を見たり、集めたりする必要はないと私は思っています。強烈な残酷場面は私たちを怒りに支配させ、心身を病ませる破壊力を持つのですから。気軽に飛び込んでくるネットの情報には、私たち自らの制御が必要です。

多頭飼い崩壊現場からレスキューされた保護犬の里親になった方や、虐待されて捨てられた猫を拾った方など、たくさんの優しい手を持つ方々が、カウンセリングやご供養に訪れて来られます。保護した子たちの経緯をお聞きすると、あまりの残酷さに胸が潰れる思いをすることも少なくありません。

施設でもレスキューした子のお世話を長年続けていますが、虐待された犬や猫の多くは身体に取り返しのつかない障害を負っていたり、回復が困難な傷を心の奥深く負う子も多くいます。そんな子たちとの暮らしとお世話は、困難を伴い出費も多いもの。ですがその子たちが人間に負わされた傷は、人間にしか癒やせません。

私は車の事故で重傷を負った子や、虐待で身体の機能を奪われた子たちに、いつもこんなことを語りかけます。

「ごめんなさい。人間がこんな目にあわせて、こんな辛い目にあわせて。でもね、人間の手はあなたを叩いたり壊したりする手ばかりじゃないんだよ。あなたの傷の治療をして、介抱して、優しくなでて抱きしめる。そんな温かな手もあるんだよ。あなたをなじる言葉を投げかける人間ばかりじゃないんだよ。この世には、愛してる、大好き、そんな言葉もあるんだよ」

そんな言葉をかけながら、何度も威嚇され噛みつかれ、引っかかれながらも、お世話を続けていくと、人間を憎しみと疑いのつり上がった目で睨《にら》みつけていた子が、あるときからまん丸の目になり私を見つめ、体から力が抜けて、私の手を乞《こ》うようになる。触れても噛みつかなくなり、小さく遠慮がちに、のどを鳴らしてくれるようになる。そんな小さな奇跡も起こるのです。

そんな関係を築けるまで何年も何年もかかることもあるし、築けないで逝かせてしまった、そんな無念の子もいるのですが。

私たちはどんなに頑張っても、救えた子より、救えなかった子のほうがはるかに多い。こんなとき、よく言われるのが「神も仏もないですよね。もしそんな存在がいたら、戦争や虐待はとっくになくなっているはず。神はなぜそんな残酷なことを許すのでしょう」と。

ですがその考えは違うのです。戦争を起こすのも虐待をするのも、ペットを捨てるのも、神でなく人間の仕業なのですから。


神や仏とは人間の後始末をする存在ではありません。

人間たちが負わせた傷は、人間でしか治せない。だから私たちはそんな子たちのお世話を続けていくのです。

この施設のボラをする以前、私は動物をいじめる人に対して、激しい憤りしかありませんでした。とにかく腹がたって、いつまでも体から怒りが抜けなかった。どうしたら、こんなことをした人が、自分が殺した犬や猫とおなじ目に遭うんだろう？　どうにかして、仕返しができないのか？　そんな考えや怒りで体はいっぱい。

ですが、施設のボラを始めてまったく違う感覚を持つようになったのです。

顔面が割れた子、手足を折られた子、橋の上から投げ捨てられた子、首をくくられた子、そんな子たちと対峙すると、怒りを感じるのはほんの一瞬。次の瞬間からは怒りを投げ捨てて、とにかくこの子を助けることに全力を尽くさないとならなくなる。こういう子を保護するとやることは山ほどあるのですから。

施設では、そんな子が常時複数いたので、怒っている暇がなかったのです。とにかくこの子を救うこと、この子の痛みを少しでもとること、少しでもこの子が楽な姿勢で眠れること。そんなことに夢中になっていて、犯人のことなどどうでもよくなる。

もちろん、このような子を保護すると一番初めに獣医師に確認するのは虐待の可能性。その可能性があれば警察に届ける必要があります。

動物の破棄や虐待に対して、まだまだ日本の法律はザルだらけで脆弱です。たくさんの活動家がそんな法改正に奔走されていますが、その歩みは現状を反映せず、とてももどかしいものです。とにかくレスキュー、通院、治療、お世話、掃除などを続けていくといつのまにか怒りより、だんだんと回復していく子への愛おしさと、もっともっとやってあげたい！　という自分の中の熱意が強くなっていくのを感じます。

残念ながら治療のかいなく亡くなってしまう子もいるのですが、その時も怒りとは別の思いが湧き上がってくるのです。この子をただ一人で逝かせるのではなく、見つけることができて、ひと時でも治療を尽くすことができて、優しくなでてその子のために泣く。そんなことを実際にしていると、身体を助けることはできなかったのですが、この子の魂と縁を結べたと思えるのです。

「あなたはもう施設の子だよ。虹の橋の施設スーパーバージョンに行くんだよ。たくさんの仲間が待っているからね。そして私も会いに行くからね。早く痛みから解放されて良かったね」

そう言葉をかけながら亡骸を抱きしめる。そして泣く、思いきり泣く。その涙は怒りではなく、なんというか、この子のために泣くのだと思う。愛してる。助けられなくてごめんね。お世話させてくれてありがとう。きっと自分の無念とこの子への思いを込めて、やはり私は泣くのです。

ネットやニュース、記事を見ていると、怒りを収める矛先を見失いがちになるものです。ですが過酷な状況にいる子を助ける自分なりの行動をしていくと、それは怒りの刀《かたな》を収める鞘《さや》となるような気がします。それは過酷な状況にいる子が助かるだけでなく、私たち自らも癒やされるのです。

そのようなことから、私は繰り返し、ご自分でできる範囲のボランティア活動の必要性を繰り返し説いています。

果敢にレスキューに入る人の活動を応援する。

虐待の現場からレスキューされた犬や猫の治療費を支援する。

保護された子たちを一時預かったり、実際にお世話に通う。

遠方から支援する金銭的里親になる。

レスキューされた子へ、手づくりのベッドや爪とぎを送る。

その活動は、人に関わること、環境や動物に関わることとさまざまです。やり場のない怒りは、愛に転換して行動を始めてほしいと願っています。

犯人はすでに地獄にいる

見方を変えて、犬猫を捨てたり虐待したりする犯人側から物事を見てみると、怒りではなく底知れない恐怖を感じます。その犯人が怖いのではなく、「この人はこの先どんな地獄を味わうのだろう。自分がやったことがどんな事象になって、この人の人生に現れるのだろう」と考えると、鳥肌が立つほど恐ろしい。


自分が与えたものが自分が受け取るもの。

物事はやったように還《かえ》ってくる。


今までの活動を通じて、この万象の法則から物事が外れたことがない、ということを私は実感しています。

犬猫や子供など力の弱いものを虐待し、暴力を行使する人たちはみな同じような内容のことを言うのです。

「嫌なことばっかりだ」「うまくいかないことばっかりだ」「自分をゴミのように扱う社会を見返してやりたい」「馬鹿な奴しか周りにいない」「俺は悪くない。社会が悪い、周りの人間が悪い」

犬猫を虐待したり、他者に対して暴力をふるっている人間は、生きながらちゃんと地獄の住人になっています。彼らが発する言葉が、彼らのとてつもなく苦しい状況を物語り、今、彼らが生きながら地獄にいることを示していると私は感じます。

犬猫をゴミのように扱った人は、社会からゴミのように扱われていると感じている。いくら本人が笑いながら小さな命を奪っていたとしても、実際に楽しいと感じる場所にいるわけではないのです。

虐待をする人間は、あなたが仕返しを考えなくとも、たとえ司法の目を逃れても、ちゃんとやったように還ってきている。全て本人に戻ってきている。

自分がやったことの埋め合わせは、この人生で完結するかはわかりません。惨いことをするほどに、1度の人生で埋め合わせはできないかもしれません。その犯人は死んでからも、ずっと呪い続けていくのでしょう。人間を、社会を、そして自分の存在を。

生きているときも地獄。死んでもまだ地獄にいる。いつまでも何かを呪い、怒りの業火《ごうか》は消えることがない。こういう地獄を無限地獄というのです。

無限に続く地獄ですが、ただ一つだけ助かる方法があるんです。それは一体どんな方法なのでしょうか？

地獄に垂らされるクモの糸

それは、自分のやったことに気づき、自分のためではなく「何か人のために」。そんな気持ちになるまでは、地獄に垂らされた蜘蛛《くも》の糸は視《み》えないままです。いつまでも、自らが作った地獄の中にいるのです。

無抵抗のまま惨殺された犬猫たちにも、ちゃんと死んでから埋め合わせがあると私は思っています。この子が殺されていくのをただ見ていることしかできず、滂沱の涙を流した心優しいあの世の住人たちが、我先にこの子のお世話をしにくることでしょう。

きっとその中には、あなたも私もいるのだと思うのです。

「助けてあげたかった」「引き取ってあげたかった」この子の生前にやってあげられなかったことが、ずーっとずーっと、心に残っていたあなたは、自分が死んだあと、必ずこの子のお世話に駆けつけて来ることでしょう。

団体や個人でも保護活動をしている人、またそんな人を支援している人、そして本書をお読みくださったいるあなた。私たちはみな、虐待や命に対して残酷な行為がない世界を目指します。そういう世界に行きたい。辛いことはもうたくさんだ！　と心の底から熱望します。もし、もしも、そんな私たちが協力し合って、そんな世界を作れたとしたら？

愛されて大事にされて幸せな子しかいない、そんな世界にできたとしたら？　今世《こんせ》で、小さな命を助けた人は、またそのような人を支え続けた人は、間違いなくどこか優しい天体に転生するのだと思うのです。

私たちはそんな天体を作り上げ、そこに住むことができるのだと思うのです。どんな小さな命も大事にされる、まさに私たちが理想とする楽園です。

ですがもしも他の世界、他の天体で動物たちは閉じ込められ、無理やり繁殖をさせられ、虐待され捨てられる、そんなことが起こっていたとしたら？　それを知った私たちは、そのまま楽園で暮らしていることができるでしょうか？

いいえ、そんなことを見知った私たちは、今住んでいる楽園を出て、そんな蛮行がまかり通る天体にきっと行くのだと思うのです。そこにいる命を救うために、その未熟な天体への転生を願い出るのです。

自分たちが苦心の果てに作り上げた、平和と幸せしかない楽園にいてもいいのに、それでもきっと、私たちは蛮行あふれるその天体に降りて行くことでしょう。

そうして、きっと降りてから叫ぶのです。「辛い！　苦しい！　もう嫌だ！」そう言いながら、仲間と抱き合いながら、泣きながら、きっと一つ、また一つと四苦八苦しながら傷つきながら、小さな命を救い続ける。

そう、きっとそんな思いをしながらも、私たちは楽園を出て、未熟な世界に降りていく。小さな命を一つでも救うために。

私たちが戻ったその天体、それが「地球」とよばれる星なのでしょうね。

第8章

五感で叶う「もう一度会いたい」

うちの子をキャッチする感覚

うちの子を亡くした私たち飼い主共通の想い。
ひとつは「もう一度会いたい」
そしてもうひとつは「もう一度抱きしめたい」

とにかくあの子に会いたい。もう一度でいいから抱きしめたい。

叶わぬ願いと理解しつつも、私たちは誰しも強烈にこの想いを抱きます。

抱いた手の中には何もないのが辛い。

何もないのはわかってる。それでもこの想いを手放せない。

死んだら消えてなくなるのではない、とは思う。

あの子は虹の橋で仲間と笑いながら、私が来るのを待っている。そんなことを信じたい。

けれど私は今、この人生の中で、あの子をもう一度抱きしめたい。もう一度会いたい。

これは私たち共通の願いであり、祈りであると思うのです。

果たして私たちは、この世で二度とあの子に会えないのでしょうか？

私はこの世にいながら、亡くなったあの子を実感として感じることはできると思っています。

ただそれには「解釈」という実体のないことではなく、私たちが日ごろから慣れ親しんでいる、あの子の姿を見て、声を聞いて、匂いを嗅いで、抱きしめるといった五感で感じる必要があると思うのです。そうでないと私たちは納得できない、どうしても。

身体をなくした子の実体を感じる。実体を感じ、そして「ああ、あの子は消えてなくなったわけではないのだ。私が死んだらまた会えるのではなく、今この時、重なった世界で今度からはいつも一緒に、より濃厚に関わっていくのだ」そんなふうに感じられたら、あの子の身体がないこの世界で、私たちが生きていくことに希望ができる。そんなことが怪しくなく、得心していただけるような表現をできないかな。私はずっとその方法を考えていました。

普段は分離していると信じられているあの世とこの世は、実は重なって存在しているのだと私は思っています。だとしたら「物質と五感が支配するこの世」と、「形はないけれど意志と六感・感覚を使うあの世」を、重ねて感じることができるとも思っています。

あの子は役目が終わった身体を手放しただけで、生前と同じように、いえそれ以上に私たちのそばにいるのだと、無理やり自分を納得させるのではなく、心底そう思い込めたらいいな。

理屈や真偽はどうでもいいから、とにかくあの子の存在を涙と苦しみで埋葬してしまわないように。あの子の輝かしい生と同様に、身体の苦しみから解放してくれた死にも尊い意味があり、躍動があるのだ。そんなことをお伝えすることに、この章ではチャレンジしていきます。

第1章の「私たち飼い主はあの世の目を持つ」のマリーの話で「あの世の目でこの世にいるうちの子を見る」という見方を解説しました。

この章では反対に「この世の目であの世にいるあの子を見て」、「この世の耳であの世にいるあの子の言葉」を聞いてみましょう。

般若心経では、無眼耳鼻舌身意と六感を並べる

私たちは現在、五感（見る・聞く・話す・嗅ぐ・触れる）を使う世界に住んでいます。

なので、どうしても五感以外のこと、第六感といわれる分野（イメージや感じるということ）は、思考の中でも安定せず信じがたい。なので、たとえ「夢」という不確実な状態でも「（夢の中で）会う＝姿を視覚で見る」「抱きしめる＝触覚」という五感の感覚を求めるのです。

ですが五感といっても本当は、聞こえる音、話す声、嗅ぐ匂いには形がありません。形がないのにどうして私たちは、うちの子の声や匂いを

「形はないけどそこにある。そこに存在するもの」と認識するのでしょうか？

また、亡くなったあの子をイメージすることはなぜ「形がないからそこにない。そこに存在しないもの」と感じるのでしょうか？　形がないのは同じなのに。

それは共感・共有の違いだと私は思うのです。

犬や猫の元気な吠え声、鳴き声、お日さまのような匂いは、私だけが聞こえ匂うわけではありません。感じ方に誤差は生じるにしても、今吠えたあの子の声は形がなくても、私にもあなたにも聞こえます。

ですが、あの子をイメージする姿は私にしか想像できず、思い出す声は私にしか聞こえません。

そんなあの子の生前の姿ですが、私たちはうちの子の姿を、映像として脳で見ているのではありません。あらゆるものの「姿・形」は電気となり様々な神経細胞を介して、脳に電気信号として送られます。脳はその電気信号を組み合あせて「うちの子」と認識しているのです。なので、私がみているコロさんと、友人が見ているコロさんは同じ形ではないのです。脳は映像ではなく送られた電気信号をまた組み立てて映像化するので、そこには個人個人の「ものの見え方」が反映されるからです。

ひどい皮膚病の犬を見て「かわいそう」と思う人の脳は、かわいそうと思う感情が組み立てる映像を作り、「汚い」と思う人の脳は、汚いと思う感情が作り上げる映像を映し出します。

１頭の犬でも、人の脳は映し方が違います。それは人が同じ出来事に対して、それぞれ異なった感情を持つので、そこから映し出される「姿・形」の映像に誤差が生じるのです。

一番わかりやすい例は、犬や猫を虐待してうっぷんをはらそうとする人や、ハンティングの標的にする人は、標的となる犬猫をかわいくも愛おしくも見えません。庇護する存在にも見えません。ただの「標的」という姿にうつるのです。

このように犬や猫の姿でも、見る対象人物の認知や感情によって、見える姿は違うのです。私たちの脳はこのように、けっこう適当に情報を処理しています。そうでないと、瞬時に増えていく膨大な量の情報を処理できないからです。

そんな視覚処理と同様、匂いもそうです。うちの子の匂いをいい匂いと感じる人もいれば、臭《くさ》いと感じる人もいる。また何も匂わない、そんな人もいるのです。

いい匂い、または臭いと感じた人には犬に実体はありますが、何も匂わない人には犬という存在もあやふやです。あなたの隣にいる犬も、その人の眼中になければ覚えていない。

その人にとってその子は生きていても存在していないのです。

このように、私たちはこの五感を駆使した生活をしているので、どうしても五感頼りの見え方を重視します。ですが私たち飼い主は、本当はこの五感以外の第六感と呼ばれる部位で、普段はうちの子と接しています。


犬や猫は言葉をしゃべりませんが、私たちはこの子の言葉や要求がわかります。愛する幸せ、愛される幸せも感じています。信頼・絆・共感・癒やし・思いやり・奉仕・赦《ゆる》し・相互理解。私たちは普段から、そんな形のない五感以外の第六感という感覚の世界でうちの子と接しています。

ですが、うちの子の体がなくなると、普段当然のように使っていたこの第六感の世界がいきなりウソのように感じてしまうのです。五感頼りの私たちには仕方がないことなのですが。

ならばこの章では、普段この世で使っている五感を使って、あの世のあの子を見てみましょう。

視覚＝あの子の姿を見る

五感の中でも私たちは圧倒的に「目で見ること＝視覚」に頼っています。

「もう一度会いたい」と「もう一度抱きしめたい」という私たちの想いですが、もう一度抱きしめられるとしても、真っ暗闇の中では確実にうちの子だと認識することができません。やはり目で見ながら抱きしめたい。ですので、抱きしめるにしても、私たちは見ることを求めています。

それでは、あの子がいるあの世を、可視化した方法を二つご紹介いたします。

①虹の橋のご供養

「亡くなったあの子は今、何をしているのかな？」「寂しくないかな？」「お友達はいるのかな？」愛しい子を送った私たちはふと、そんなことを考えます。

お花畑があって、お友達がいる虹の橋を想像するのですが、どうにもリアルに感じることができません。リアルに感じることができないので、うちの子が虹の橋にいることも信じることができない。「そこにいる」という感覚ではなく、「いてくれたらいいな」という願望になってしまうように思います。

私は合同のご供養を謹修《きんしゅう》するときに、通常の法要の祭壇ではなく虹の橋の場面を、ご参加の飼い主さん同士で作っていただいています。

大きな模造紙の真ん中には大きな虹を、また虹の下には地上から続く階段を中央に描きます。虹の橋の上部分に、身体の線に沿って切り抜いたご供養する子の写真を貼り、送りたい言葉をひと言書きそえていただきます。貼った写真の周りに、クレヨンでお花やハートを描いたり、あげたいおやつを描いたり。童心に帰って自由にあげたいものを書き込んでいきます。

ママやパパたちの今も変わらない想い、さらなる愛おしさを形にしていくのです。

また、幼いころ近所にいた名もない犬や猫、小鳥、小動物などのご供養には、写真代わりに思い出すその子のイラストを描いて、あげたい名前をつけます。

幼いころに、世話をしてあげなかった犬や猫、助けてあげられなかった動物への贖罪《しょくざい》の思い出を持つ方は少なくありません。そんな遠い昔の忘れていたようで、心の片隅にチクンと刺さっていた思い出を形にしていきます。

ツキネコ北海道にて合同供養の準備。うちの子の思い出話をしながら、
みんなで、ありったけの思いを込めて描いたり、貼り付けたり。

それだけでも名もなき子たちへの供養になるのです。

「私は覚えているよ」「あなたの幸せを今も祈っているよ」その祈りの気持ちこそが供養の真髄です。

虹の上の部分をご供養の子たちの写真やイラスト、メッセージで埋めつくしたら、虹の下部分に飼い主さんたちの今の写真や、今一緒に暮らしている子の写真を輪郭に沿って切り抜き、貼っていきます。

さあ、虹の橋を渡ったあの子と、今の私たちの生活が1枚の模造紙に描き込まれました。

そこに写されたどの仏さまも飛び切りの笑顔の写真ではないでしょうか？

みなさん、一番好きな写真、一番その子らしい写真を選びますから。「ママ大好き！」「お散歩楽しかったー！」「幸せぇ〜」そんな言葉が飛び出てきます。生と死が同じ空間に存在する虹の橋の仏画は、そのどちらも生き生きと命の躍動に満ちています。

同時にそんなうちの子が、虹の橋で暮らす様子を視覚を通して脳に取り込み、実際に目で見ることができます。そこにはあなたが逝くまで一人ぼっちで待っている姿ではなく、たくさんの仲間に囲まれて、賑やかに過ごすうちの子の姿があるのです。

身体があるからできる役割と、身体がないからこそできる役割と、どっちも大事でどっちも愛おしいのだと。実際に目で見ることで気がつくことがたくさんあるのです。

仏画に向かい、参加の子全てのお名前を読み上げ、私がご供養の読経をお唱え致します。ご供養の子は20歳で亡くなった子も、赤ちゃんで亡くなった子も、虐待された子も、みんな享年・天寿満願です。寿命とはその子と神仏が決めた定められた期間、定命《じょうみょう》ですから。

飼い主さんたちにご焼香をお願いし、お一人おひとりが仏画の子たちに改めて語りかけ、最後にご一緒に般若心経を一巻お唱えします。

素晴らしい仏画の完成。明るく賑やかそうな虹の橋を見て、みな大感動。

ご供養を終えると、みなさん泣きすぎて目がパンパン。

「みんなと一緒にいて楽しそうだなぁと目で見ることができて、すごく安心しました」

「仏画を作っていたなんてビックリです。クレヨンなんて触ったの何十年ぶりかなぁ（笑）とても楽しかったです。うちの子はもちろんですが、隣家でつながれていたコロや、エサを忘れて死なせてしまった文鳥、忘れてしまっていた遠い昔の子たちを次々と思い出せて、ご供養していただけて、なんだか長いあいだ持っていた重いものをおろせた気持ちです」

「目で見ることってすごい説得力ですね。あの子が死んで泣いてばかりいましたが、あの世でもたくさんの仲間と笑いあっていて、幸せなんだなぁ、あの子は。と実感できました」

こんなふうにみなさんがおっしゃいます。さらにこのような儀式を、同じ思いを共有する仲間と一緒にできることも、大きな意義があります。それは、ぼんやりと思い描いていたあの世（虹の橋）という世界が形として「ある」と見ることができるからです。うちの子はそこにたくさんの仲間と一緒に「いる」。この世にいながら、虹の橋のあの子の生活を「見る」ことができる。そんな視覚を通した実体験です。

これはいくら紙面で説明しても実感することはできません。

それは映像でただ海を見ても感動しないことと同じです。私たちが海などの自然を見て感動するには、実際に海に行くまでの旅の工程があり、海に着いて磯の香りをかいで、潮風を受けて、海の青さを目で見て、波の音を聞いて、そんな実体験が集まり「感動」や、そこで何かスパークする感性を生むのです。

このご供養も、道具をそろえ、模造紙に虹の橋の世界を描いて、貼って、お飾りして「視覚を使い」、仲間やお坊さんと実際にお経をお唱えして、仏画の中の子に語りかけて「口覚を使い」、お焼香をしてお線香の香りをかいで「嗅覚を使う」そんな五感をフルに使ったご供養の実践です。これは実際に体験した人しかわからない。

実体験が何か大きな気づきや感動を起こすのです。

何もこの感動は、このご供養に参加した一部の人のみが体験できることではありません。お経をお唱えするのは、お坊さんでなくて飼い主さんでいいのです。ご自分でそんな虹の橋の仏画を実際に作って、ご供養してみてはいかがでしょうか？

虹の上には、あなたや友人が送ったたくさんの愛しい子たちを貼ります。そんな仲間がいない方は、ぜひ私のブログから、施設で送ったたくさんの子のプリントをお飾りしてください。施設の子たちは長年、多頭飼いの中で暮らしていたので、あなたの大切な子ともすぐに仲良くなれますよ。

お経をお唱えするときには、般若心経のＣＤと一緒にひとり心静かにお唱えしてもいいですし、わんこ仲間、にゃんこ仲間と一緒に和気あいあいと行っても良いと思います。

そんなあの子の虹の橋での姿をこの世の目で見る。そんなご供養をぜひ実践してみてくださいね。

②虹の橋通信（視覚）

モカという最愛の猫を送った私の友人であるモカママが、私の猫はんにゃが亡くなったときに、はんちゃんが主人公のある漫画を描いてくれました。

ハスキーのしゃもんと子猫のはんちゃんは、生前とても仲良しだったのは4章でご紹介した通りです。

はんちゃんはしゃもんのことが大好きで大好きで、しゃもんが散歩から帰ってくると走り寄ってきて、何度もなめ合い、じゃれ合っている姿は愛らしく微笑ましく、なんともたまらない光景でした。

しゃもん亡きあと、まだ若い猫だったはんちゃんは、その後ずいぶんと長く一緒にいてくれて、移転先の施設で亡くなりました。

漫画はそんなはんにゃんが亡くなった直後から始まります。生前、ボス猫だったはんちゃんと気弱な王子さまのモカちゃんが登場猫の物語です。

ふう
やっと着いた!!
どすっ
…って
イメージしてたのとだいぶ違う気
ここで本当に合ってる…わよね?
おいでませ 虹の橋へ
歓
迎
係の人とかいないのかしらね
きょろきょろ
誰か――!!
ぴょこん♡
えへ♡
こんにちわ♫
ボク モカです
ボクの母ちゃんが「はんにゃさん」って子がそっち着いたら案内してあげなさいって
もじもじ
もじもじ
はんにゃさん荷物持ちますね。
すごく重いけど中に何が入ってるんですか?
ずりずり
そんなの決まってるじゃないの!!
私とママンとの思い出よ――!!
えっへん
てんこ盛りよ!!

そりゃもう色々あったからね♪
ふふん
何なら聞かせてあげるわよ〜!!
ちなみに背負ってるコレは好物のモンプチ.
分けてあげるわ
わあい
お話しもモンプチも楽しみ——!!
今日はみんなで歓迎会です.
準備整うまでのんびりしてて下さいね.
あっそうそう!!
しゃもんさんって方も待ってますよ!!
ぱあああぉ
モカちゃんこれも預っといて!!
おっと
どさっ

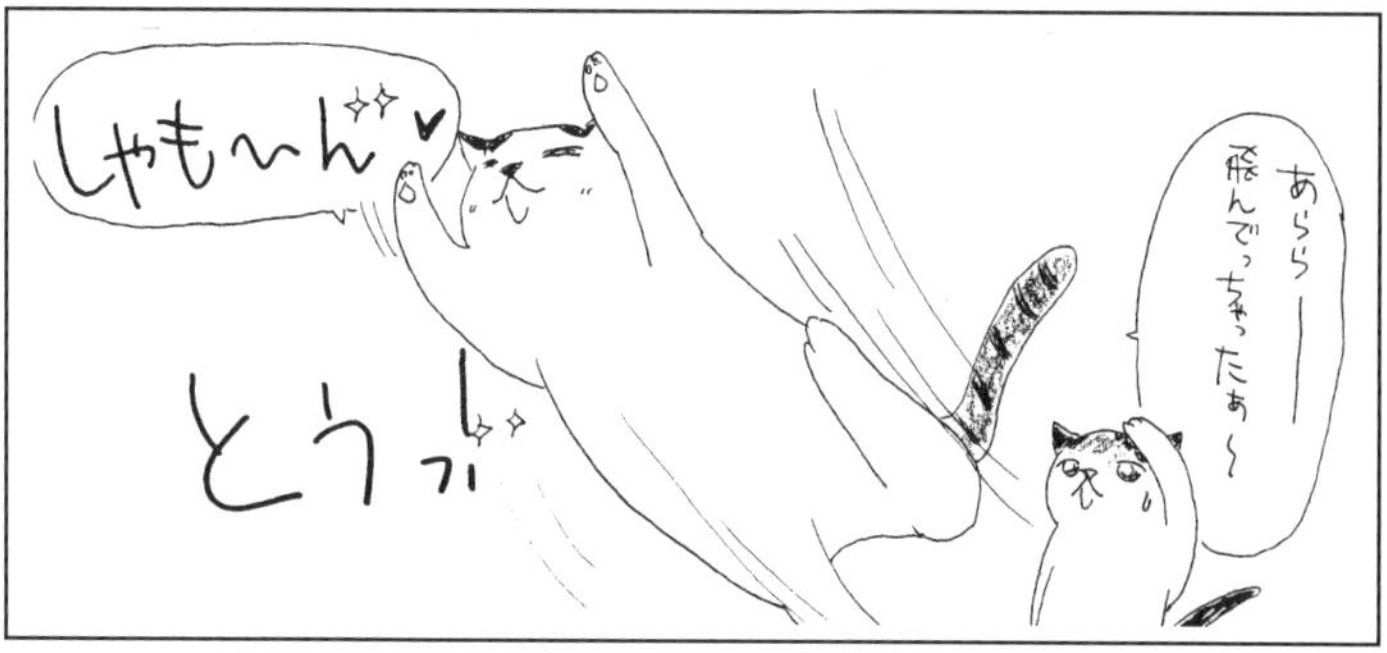
あらら
飛んでっちゃったぁ〜
しゃも〜ん
とうっ

またずっと一緒!!
ぎゅっ

いかがでしょうか？　私はこのコミカルな愛情あふれる漫画を「虹の橋通信」と名づけて、施設の子たちにギフトを送ってくださった方に、お礼状と併せて送っています。この漫画は思った以上に好評で、多くの方がモカママのほんわか優しい絵柄と自由な発想に驚き、感涙、感動していました。

虹の橋はどんなところだと思いますか？　そんな質問をしてみると、草原、お花畑、光に満ちたところ、仲間がたくさんいる、わが家。だいたいみなさん、このようなことをおっしゃるのです。

でも、なかなかそれ以上の発想がでないんですね。なんせ、行ったことがない場所でもあるので致し方ありません。ですが、イメージがぼんやりしていると、どうもリアルにうちの子がそこにいるような気持ちになれません。虹の橋の光景をリアルに具体的に感じないと、うちの子がそこにいるという実感が湧いてこないのです。

この虹の橋通信では、なんと虹の橋の入り口が「おいでませ　虹の橋へ　ようこそ」という看板があるではありませんか！　ここは熱海の温泉街!?　そしてはんちゃんが好物のモンプチを背負っているのは、私がモンプチをはんちゃんにお供えしたからでしょうか？

そんな現実と関連づけるのも楽しい発見です。

そして重いバッグの中身はなんと！「ママンとの思い出が詰まっている」それはそれは、たくさんの物語があるのでしょう。だってノラのお母さん猫が、はんちゃんを産んだときからのお付き合いですから。そんな私との思い出をバッグに詰めて、虹の橋に持って行ってくれたなんて。

最後、はんにゃんが大・大・大好きなしゃもんと再会するシーンは、たくさんの人の涙を誘いました。

「またずっと一緒」

すごくいい言葉だなぁ、と思います。私が逝ったときも、この言葉を言ってくれたらいいな。

さてこの虹の橋通信は「そうか！　虹の橋ってこんなふうに自由に発想していいんだ」と思わせてくれます。誰も見たことがないのだから、本当にこんな楽しいところなのかもしれません。

現実とは自分が作るもの

この発想や想像というものは、実は全くの空想や作り話ではなく、現実化・物質化できるものを私たちは脳で発想、想像していると言われています。なぜなら、デザイナーが頭の中で空想・想像した数々のデザインが、洋服や家、インテリア、車になり、音楽家が頭で考えたメロディが楽譜になるからです。また、物書きが想像した物語が小説や漫画となり、書籍となり出版されます。

物質とは、もともと誰かが頭の中で想像したものに過ぎません。時代の先端を行く革命児が空想し、現実化したものは世の中にあふれています。

大昔ライト兄弟が飛行機を想像し、人が空を飛ぶと言ったときに、いったい誰が信じたでしょう？　エジソンが電球を想像し夜が明るくなると言ったときに、ニュートンがリンゴが木から落ちることで、地上に引力があると言い出したときに、スティーブ・ジョブズがパソコンから想像し、世界中の個人がコンピューターでつながる時代が来ると言ったとき、いったい誰がこれらが現実になると思えたでしょう？

20XX年
あの世スマホバージョン
虹の橋のうちの子とコンタクトとれたら…
1990年後半 携帯電話
2010年 スマホ
外出先で電話やネットができたら
家で演芸やスポーツが見られたら
1953年
日本でＴＶ放送開始
うちの子が迷子になっても見つけるには？
GPSマイクロチップ
2019年 義務化

電気、水道、ＴＶ、車、飛行機、昔はその全てが空想上のものだった。

現代では、仮想通貨、ＡＩロボット。個人が持つスマホやＰＣ。昔なら飛行機、車、電車やエレベーター。もっとさかのぼれば、スイッチ一つで点く電気や、一ひねりで水が出る水道。そんなことも江戸時代の人には魔法の道具であったのです。

虹の橋はある。うちの子は虹の橋にいる。私が逝くのを待っている。そんなことを信じるあなたは、世の改革者である天才たちと、同じ言葉を言われてはいませんか？
「あんたそんなこと信じてるの？

ちょっとおかしいんじゃない？」って。

当時その発明者たちはみな、変人扱いです。

「そんなものができるわけない。あるはずがない」そんなその時代の社会通念を超えて、変人たちの思考が現実化して文化を作っているのです。

だから虹の橋通信も誰かが想像したことで、すでに現実化する可能性があるのです。身体をなくしたあの子の存在だって、虹の橋の存在だって、時がたてば「あの世に移動した人とコンタクトがとれて普通」「スマホ、あの世バージョン」そんな時代が来ても不思議はないと私は思っています。だから、もっと自由に、もっと楽しくあの子の世界を創造してみましょう！

虹の橋でのうちの子の漫画や文章を書くということは、五感を使った視覚化の最たるものです。漫画に描くことで脳内の想像を現実の物質（描いた漫画）としてこの世に生みだし、それをまた自分の視覚を通して、脳内に映像（描いた漫画）として再度伝えます。

第6章のみんみんのケースが例になるかと思います。みんみんの足が肉体に引っかかりジタバタしているイメージを、脳内で繰り返し出したり入れたりしているうちに、なんと、私の脳はいつのまにか、苦しんで死んだみんみんではなく、足が肉体に引っかかり、ジタバタしているみんみんの映像ばかりを思い出すようになったのです。

これが記憶の書き換えと言われるものです。

いつのまにか私はみんみんを思い出して、「ごめんね、ごめんね。最後まで苦しませてごめんね」そんな言葉を自分自身に言わなくなりました。

本来、私たちの記憶はかなり適当です。

「絶対にここに入れたのにメガネがない！」「絶対にこのハンコなのに、銀行で違うと言われた」人の名前やお店の場所を間違えて覚えていた。そんなことは日常茶飯事。

私たちの脳は膨大に送られてくるデータから取捨選択をして、記憶の整理や書き換えをしているのです。ですから、嫌な記憶に囚われていないで、どんどん書き換えてしまっていいのです。

うちの子の亡くなり方を変える、なんて誰にも迷惑をかけることではないのですから。どんなおとぎ話でも、どんな変則的な形でも。私がみんみんのあの壮絶な亡くなり方から、苦しく辛い思いを手放せたように。

ちぃちという最愛の猫を亡くした友人に、ちぃちが主人公のマンガ、虹の橋通信をプレゼントしたらその内容で盛り上がり、彼女がこう言ったのです。

「妙玄さん、私笑ってる。ちぃちの死に泣いてばかりいたのに、ちぃちの死の話で私、笑ってる」

みなさんもこんな虹の橋通信を自分に宛てて、また犬友、猫友と交換して楽しんでみませんか？「私は絵なんか描けないもの〜」という方は、文章の日記で十分だと私は思います。タンポポ畑の風景写真のプリントアウトに、うちの子の写真を貼るのはいかがでしょう？ うちの子に天使の羽を切り貼りして、青空の風景画にデコパージュするのは、どうですか？

楽しい作業は何でもアリ。自分が納得できたら、それでいいのですから。百聞は一見に如かず。海も実際に行かないと感動しない。

虹の橋通信。ぜひ秘密の日記から始めてみてくださいね。

聴覚＝あの子からのメッセージを耳から聞く

あなたには苦しいときに、悲しいときに繰り返し聞いていた歌はありますか？

あるときなぜか突然「虹の橋のあの子からのメッセージソングを紹介して、私が解説をつけるようなセミナーができないかな？」そんなふうに思いたちました。そこでは、『涙《なだ》そうそう（＝涙《なみだ》ぽろぽろ）』や唱歌の『故郷《ふるさと》』、ナナムジカさんの『くるりくるり』、ライオンキングの『サークル・オブ・ライフ』『アメージング・グレイス』そんな歌を紹介し、参加者さんと一緒に合唱する予定でした。

ですがどの歌も、虹の橋のあの子からのメッセージソングというよりも、私たち飼い主に向けて悲しみを共有するものや、命や生死の意味を説く歌なのです。もちろん、その歌も十分私たちの悲しみに寄り添い、勇気づけてくれる歌です。ですが何か、あの子からのストレートなメッセージソングはないのかな？　と思いつづけていたら、ふっと以前、ご供養にいらした飼い主さんから教えていただいた歌を思い出したのです。

「そういえばあの曲。米津玄師《よねづけんし》さんの歌だったな。なんという曲だったたっけ？」

そしてPCをつけて米津さんの名前を入れたら、パッと「かいじゅうのマーチ　米津玄師」と画面いっぱいに出るではありませんか！　もうもうビックリ仰天。改めて曲を聞いてみたら、もう感涙なんですね。「ああこの曲だ。あの子たちがママやパパに届けたいメッセージソングは」それは確信でした。

泥だらけの　ありのままじゃ
生きられないと　知っていたから
だから歌うよ　愛と歌うよ　あなたと一緒がいい

人を疑えない馬鹿じゃない　信じられる心があるだけ
あなたのとなりで眠りたい　また目覚めた朝に
あなたと同じ　夢を見てますように

今あなたと出会えて　ああほんとによかったな
胸に残る一番星　寂しいのに眩しいのに

さあ出かけよう　砂漠を抜けて
悲しいこともあるだろうけど
虹の根元を探しにいこう

人を疑えない馬鹿じゃない　信じられる心があるだけ
あなたのとなりで眠りたい　また目覚めた朝に
あなたと同じ　夢を見てますように

『かいじゅうのマーチ』米津玄師
作詞：米津玄師　作曲：米津玄師

少しでもあなたに伝えたくて　言葉を覚えたんだ
喜んでくれるのかな　そうだと嬉しいな
遠くからあなたに出会うため　生まれてきたんだぜ
道草もせず　一本の道を踏みしめて

怖がらないで　僕と歌って
そのまま超えて　海の向こうへ
おかしな声で　愛と歌って　心は晴れやか

さあ出かけよう　砂漠を抜けて
悲しいこともあるだろうけど
虹の根元を探しにいこう
あなたと迎えたい明日のために　涙を隠しては

燃えるようなあの夕陽を待っていた　言葉が出ないんだ
今日の日はさようならと　あの鳥を見送った
いつまでも絶えることなく　友達でいよう
信じ合う喜びから　もう一度始めよう

いかがでしょうか？　米津玄師さんは今をときめくシンガーソングライターですが、この曲はご存知の方がほとんどいないんですね。

虹の橋のあの子があなたを思う、たくさんのメッセージが詰まった曲だと私は思うのです。ではこの曲を妙玄流に解説を付けてみますね。

かいじゅうのマーチ

⬇　怪獣＝怪しい獣。うちの子たちって、すごく怪しい存在だなぁ、と思うのです。うちの子たちは、動物やペットという枠でくくられるのですが、私たちにとってはそんな枠を超えて、うちの子だったり、相棒だったり、先生だったり、支えだったりするわけです。それだけで十二分に怪しい！　そして怪獣ではなく、かいじゅうというひらがなの、かわいい感じがまさに！　って感じだと思うのです。

さらにこの歌はバラードではないんですね。マーチ♪　なんですよ。もう生前元気だったあの子が飛び跳ねているような、そんな明るく元気なメロディーなんです。これを聞いて私は「ああ、泣いて悲しんでいるのは私たちだけで、うちの子たちは幸せで明るく飛び跳ねているんだなぁ。まるであの子の人生そのものみたいだ」そんなふうに感じたのです。

少しでもあなたに伝えたくて　言葉を覚えたんだ
喜んでくれるのかな　そうだと嬉しいな

⇩

一生懸命、あなたの言葉を覚えたんだよ。始めに覚えたのはご飯！　その次がお散歩、おしっこ。少しずつ痛い、寒い、気持ちいい、眠い、そんな言葉も覚えたよ。それでね、大好き！　って言うとあなたが笑ってくれるの。あなたが「愛してる」って言うから「ボクも！」って言ったの伝わったかなぁ。

遠くからあなたに出会うため　生まれてきたんだぜ
道草もせず　一本の道を踏みしめて

⇩

「この人がいい！　この人の子になりたい」って、自分で決めたんだ。すごく遠かったけど、あなたしか見えなかった。あなたに出会うことだけ考えて、あなたのもとに走ってきたんだよ！

怖がらないで　僕と歌って　そのまま超えて　海の向こうへ

↓ だからボクが死ぬことを怖がらないで。ボクのために歌って！　海を超えて向こうの世界へ行くよ、またあなたの元へ帰ってくるために。

おかしな声で　愛と歌って　心は晴れやか

↓ ボクの声がおかしな声だって、いつもあなたは笑っていたね。ボクに変わらぬ愛の歌を歌ってよ。あなたのためにできることは全てやったよ。大満足の人生さ。

さあ出かけよう　砂漠を抜けて
悲しいこともあるだろうけど　虹の根元を探しにいこう
あなたと迎えたい明日のために　涙を隠しては

↓ 泣いて泣いてペットロスになった砂漠なんて早く抜けてよ。それよりまたあなたと会える場所、虹の根元を探しに行こうよ！　泣かないで。笑って一緒に未来に行こうよ。

燃えるようなあの夕陽を待っていた　言葉が出ないんだ

今日の日はさようならと　あの鳥を見送った

⬇ あなたと一緒に見たたくさんの風景。燃えるような夕日も、満開の桜吹雪も、全部ぜんぶ覚えているよ。悲しい・苦しい・さびしいを鳥に変えて大空に羽ばたかせて。

いつまでも絶えることなく　友達でいよう
信じ合う喜びから　もう一度始めよう

⬇ 今までもずっと一緒にいたよね。これからもずーっと一緒だよ。身体がなくなったからこそ、いつもあなたのそばにいられるんだよ。このボクたちの新しい関係を信じることから、また始めようよ。

泥だらけの　ありのままじゃ　生きられないと　知っていたから
だから歌うよ　愛と歌うよ　あなたと一緒がいい

⬇ 死んだら終わり、死はお別れ。そんな誰かが言い出した、泥にまみれた常識なんかいらない。僕たちは歌おうよ！　愛は死を超えるって歌を。死は愛を分かつことができないって歌を。だって身体がなくなってからも、あなたと一緒がいい！

人を疑えない馬鹿じゃない　信じられる心があるだけ
あなたのとなりで眠りたい
また目覚めた朝に　あなたと同じ　夢を見てますように

↓ただ夢物語を語っているんじゃないよ。死んでもあなたとの関係は切れるわけがないって信じているだけ。また一緒に眠って、新しい世界に目覚めたら、ボクたちが見た同じ夢に向かって、さあ行こうよ！

今あなたと出会えて　ああほんとによかったな
胸に残る一番星　寂しいのに眩しいのに

↓あなたと過ごしたキラキラした人生は、ボクの胸で切なさと眩しさと共に輝いているよ。死んでからもボクは思うよ。ああほんとうに、あなたで良かった！　って。

いかがでしたか？　心に響く、とてもいい曲ではありませんか？
この世の聴覚を使って、あの子のあの世からのメッセージソング、ぜひ受け取ってください。きっとあなたなりの解釈があるハズです。

あなたの耳にはこの曲に乗って、あの子の他の言葉も聞こえてくることでしょう。

口覚＝あの子からのメッセージを言葉で聴く

①ご供養で選ぶ写真はおみくじ的効力が

個人でのご供養のときや、虹の橋のご供養のとき、お飾りする写真を飼い主さんに選んで持参していただいています。膨大な数があるであろう写真の中から選ばれた１枚。それは得意気にボールをくわえている写真。日向ぼっこしている幸せそうな写真。ふかふかなおふとんに包まれている写真。満開の桜の下で愛らしく笑っている写真。どの写真も愛情をいっぱい受けた愛されたお顔をしています。

「なぜ、この写真を選ばれたんですか？」

ご供養の始め、写真をお飾りするときにいつもそうお聞きします。

「この写真が一番あの子らしいから」「私、この顔が一番好きなんです」

たいていの方はそんな理由で、お飾りの写真を選びます。

「えー。なんでだろう？　なんとなくですかね」そうおっしゃる方もおられます。

次にこんなことを聞いてみます。

「この写真のお顔、何か言っているようですが、何と言っていると思いますか？」

ほぼ全員の方が次のようにおっしゃいます。

「えー、そうですね。何か言ってますね。なんて言ってるんだろう？」

「幸せ～とか、そう言ってくれたらいいなぁ」

写真のうちの子が何か言ってるようには見える。見えるけど何と言っているかわからない……。知りたいですよね、うちの子は何と言っているのか。


ご供養のために飼い主さんが選んだ1枚は、とてもメッセージ性が高い写真だと思っています。なぜ、たくさんの思い出の写真の中から、この1枚を選んだのでしょうか？　それはたとえるならば、タロットカードに似ています。

タロットカードの占いの方法の一つにある、事前に自分の心に聞きたいことを具体的に決めて、何十枚のカードから1枚を引く。そしてそのカードの意味を読み解いていく。そんな方法と似ています。

ただ、写真の中のうちの子が何を言っているか、その言葉がわかるのは飼い主さんご自身なんですね。ご自分でカード（写真）を１枚引いて、ご自分でその意味を読み解くのです。

よく「妙玄さん、うちの子は何と言っていますか？」と聞かれるのですが、私はアニマルコミュニケーターでも霊能者でもないので、わかりません。

私はその言葉がわかるのはママやパパだけだと思っています。だって、その子を一番愛しているのは飼い主さんだから。この子との長い物語を過ごしてきたのは、飼い主さんだけだから。

この子と暮らした物語の中に、その答えはあるのです。答えを知っているのは、私や他者ではなく、あなた自身。

ですがみなさん「写真のうちの子がなんて言っているかわからない」とおっしゃいます。どうしたら飼い主さんご自身が、その言葉をキャッチすることができるのでしょう？

たとえばこんなことがありました。

友人Ｍちゃんの最愛のプードルのカレン。彼女は生前、カレンとそれはよくおしゃべりをしていました。Mちゃんの家でお茶をしていると、カレンが私のそばに寄ってきて、しっぽをブンブン振りながら、パカーッと大きな口を開けました。

「妙玄さん大好きよぉ〜。ジャーキーのお土産、ありがとう。嬉しいわぁ〜♡」

すかさず、Mちゃんがカレンの言葉を解説します。

ほとんどの飼い主さんは、このような状況をMちゃんと同じように解説することができますね。私たちはこのくらいの会話、毎日うちの子としていましたから。

その後カレンが亡くなり、Mちゃんがご供養の写真を持って来てくれました。それはあのときのしっぽをブンブン振りながら、パカーッと大きな口を開けているときのような写真です。私がその写真を見て、「この写真のカレンは何と言ってるの？」と聞いたら、Mちゃんは「わからない。なんて言っているんだろう？」と言うのです。うちの子の同じ笑顔を見ているのに、身体があるときはその言葉がわかるのに、写真になると同じ笑顔でも何を言っているかわからなくなる。

Mちゃんと同じように、そのようにおっしゃる方が多いのです。

それはあの子が亡くなると、私たちはふだん使っているこの世の目が使えなくなると思い込んでいるからではないでしょうか？　大好きなお散歩。大好きな日向ぼっこ。そこで目を細めて、口を開けているうちの子。うちの子たちは、なにも難しく人生の意味を語っているわけではないのです。

「ママー、幸せ～！」「お散歩楽しいねぇ～」「ママ、大好き！」「気持ちいい～」

この世の目で見たままのそんな言葉でいいと私は思うのです。

それはとてもシンプルな言葉ですが、もともとあの子たちの言葉はとてもシンプルなものだと私は思っています。そのシンプルな言葉に私たち飼い主が、意味の肉付けをし、とても大切な言葉として受け取っているのです。

生前はなんでもわかっていたうちの子の言葉。でも身体がなくなったら、とたんに迷子になるあの子の言葉。

飼い主さんとあの子との物語の中から、あの子の言葉を引っ張り出したい。そんなとき私は、飼い主さんがまだその子と出会う前からさかのぼって、その方の人生の歴史をお聞きしていきます。

なぜその子と出会うことになったのか？

おうちではどのように暮らしていたか？

病気はあったのか？　どんな治療をしたのか？

最後のときはどう過ごしたのか？

たくさんの思い出の中、年をとって、どんな病気になって、暮らし方はどのように変化したのか、そのとき飼い主さんはどんな気持ちになったのか、その子をどのように送って、どのような恐怖と苦しみを体験したのか。

飼い主さんとその子との物語を初めから、一つひとつ丁寧にお聴きするのです。そして、そのあとでもう一度、同じ質問をします。飼い主さんが選んだ飛びきりの一枚の写真。それをお見せして、

「この子はなんと言っていると思いますか？」

そうするとほとんどの方が「こう言っています」「○○と言っていたんですね」と、ご自分でその子の言葉、ママへのメッセージをキャッチされます。

何も難しいことではないんですよ。そのコミュニケーションの形態は、あの子の生前となんら変わりはないのですから。生前からあの子はシンプルに自分の感情や要求をあなたに話していましたね。

身体がなくなったから突然、高尚なメッセージを送ってくるわけではありません。あなたのあの子は、生前も死後も変わらずあの子のままです。

②写真が語るあの子の言葉

みなさんもあの子のメッセージを自分の中から引き出してみませんか？　その方法を一つご紹介しますね。


《1》まずは、友人にあの子と私の物語を聴いてくれるようにお願いします。このときに、時間は30分以内を心がけます。しゃべっている人の30分はあっというまですが、聴いているほうの30分はとても長いものです。①話す内容、②時間、③そして意見を言わずただ聴いてください。聴いてくれる方にこの3点の了解をとります。

《2》次にそのお話の場にお飾りする、飛び切りのうちの子の写真を1枚を選びましょう。

《3》選んだら、その写真を友人に見てもらいつつ、愛がいっぱい詰まった物語を聴いてもらいます。出会ったときのこと。幸せだった毎日。病気や治療に対しての葛藤と迷い。亡くなるときの苦しみ。そんなたくさんの思い出を聴いてもらいましょう。

《4》話し終わったらかならず、聴いてくれた人にお礼を伝えます。そして、改めてそのお写真を見てみてください。どんな言葉がポン！　と浮かんできたでしょうか？

《5》うまくできなかったなという方は、また日にちを置いて同じことをしてみてください。あまり気負ってはいけません。うまく言葉がキャッチできなくとも、うちの子と私の物語を誰かに話せるだけで、とても幸せなことではないでしょうか？　そんな一つひとつのことに感謝していけたなら、どこかで必ずあの子の言葉を受け取れます。

あとはご自分の中から出てきた言葉を信じてみましょう。それはとてもシンプルな言葉かもしれないし、「気のせい？」「私の願望？」と思うものかもしれません。ですが、それは紛れもなくあなたの中から出てきた言葉なのですよ。

あの子が一番自分の言葉を伝えたいのはあなたです。だったら、あなた以外の誰が受け取れるのでしょう。どうか自信を持って！　この世の目と口を通して語られるあの子の言葉。まずは実践してみてください。

臭覚＝あの子からのメッセージを匂いで感じる

うちの子の匂いを覚えていますか？　匂いは目で見ることはできませんが、うちの子の匂いも粒子という物質としてそこに存在しています。

あの子の首輪や胴輪、食器、お洋服、いつも寝ていたベッド、お気に入りのフワフワの敷物。捨てられず、ずっとそのまま。そんな方も多いのではないでしょうか？

「処分しなければと思うのですが、なかなかできなくて。どんなタイミングで処分したほうがいいのでしょうか？」こんなことをおっしゃる方も。そんなとき、私はこんなふうにお答えをしています。

「ご自分が持っていたいと思う間は、持っていてよろしいのではないでしょうか？　自然に『あ、手放そうかな』そんなときまで、そばに置いておいていいのだと思うのです」

私はしゃもん亡き後、首輪と胴輪を厳重に保存袋に入れて、たまに袋に顔を突っ込んで、残り香をかいでいました。匂いは粒子として存在するので、しゃもんの匂いがする。ということは、しゃもんの一部？　がこの世にまだ存在しているということです。しゃもんの匂いはずいぶんと私を慰めてくれました。

しゃもん本体はあの世にいるのだけれど、しゃもんの匂いはまだこの世に存在していて、私の鼻を通してその存在を確かに感じることができたのです。

ですが、1年くらいたったときでしょうか、ある日その匂いが、まったく見知らぬ嫌な臭いになっていたのです。しゃもんの匂いがついたまま長い間密封された、布製の首輪や胴輪に細菌が繁殖したのでしょう。そこにあるのは、もはや私のしゃもんの匂いではなく、まったく知らない嫌な臭いの存在になっていました。そのときに「ああ、もう手放そう」と思ったのです。それはしゃもんが自分の匂い、という分身を通して、「もういいでしょ。逝くからね」そんなふうに言っているように感じたのです。それは私のために、この世に最後に残した「物」を「もういい加減いいでしょ」と回収されたようでした。

あの子たちは「この世の物」をいきなり全て持って逝ってしまうのでなく、私たちのために「自分の分身である匂い」を置いていってくれるのです。

その匂いや匂いがなくなるタイミングにも、あの子なりのメッセージが残されているのではないでしょうか。

触覚＝あの子からのメッセージの実体に触れてみる

あの子の匂いは形としては見えないけれど、確かに実在する匂いです。ですが私たちはどうしても実体として、目に見えたり手で触れたりと実感できるメッセージが欲しいのです。

実は私たちはそんな実体としてのメッセージを、受け取っているのを気がついていましたか？

あの子のことを思い出して泣いていたとき、ああこの場所が好きだったなぁと、ふっとその場所に手を添えたとき、あの子の一部であった毛がフワフワと出てきたりしませんでしたか？　あの子が亡くなってからもう長い時間がたつのに、おそうじは毎日しているのに、あの子の爪やおひげといった分身が、フワフワと目の前に出てきたことはありませんでしたか？

あの子のことをふっと思い出したときに、「ママ、ボクは元気にやってるよ」

あの子が恋しくてほろほろと涙をこぼしたときに「ママ大丈夫？　そばにいるわよ」

まるでそんなふうに言っているかのような、何か絶妙なタイミングで被毛や羽、おひげ、爪などあの子の一部が、ふわ〜〜〜っと出てきたことがあるはずです。

それこそがあの子の分身であり、実体ですよね。

そんなとき思いきり泣けますか？　それとも甘酸っぱい、切ない気持ちになりますか？　ちゃんと、あなたの大事な子からのメッセージは受け取れましたか？

どうぞそんなチャンスを見逃さないでください。ただの偶然だとか、そんな寂しいこと言わないで。ただの現象とか、そんなつまらないことを言わないで。

あなたは実際にあの世にいるあの子の一部を、この世で感じているのですから。それはとても繊細で細く小さな分身なので、残念ながら抱きしめることはできませんが、そっと手の平にのせて握りしめることはできるのですよ。

私たちはこんなふうにあの世にいるあの子を、この世の五感を使って感じること、実際に触れることができるのです。どうぞ一つひとつを丁寧に感じてみてください。

実際にそんな体験をしているうちに「私にとってのホント」を積み重ねていくうちに、身体を手放したあの子の何かに触れることができると私は信じています。

ご供養やカウンセリングの現場で、うちの子から受け取ったメッセージのお話や、不思

議な出来事の体験談をたくさんお聞きします。みなさんの体験談は、

「わあ、そんな夢のような伝え方があるのですね」

「なんてファンタスティックで素敵なお話でしょう」

そんな驚きと感動にあふれています。そのようなお話を日常的にお聞きしているので、私の中では、うちの子からのメッセージを飼い主さんが受け取るのは、もはや不思議なことではなく、なんだか生前と変わらぬごく自然な出来事のように感じています。


この章の最後に、五感の全てと六感を使って懐かしいあの子を思い出し、抱きしめてみませんか？

あの世のあの子を抱きしめるヒーリング

背筋を伸ばして椅子に座るか、仰向けでもＯＫです。静かな空間でリラックスして、目を閉じます。大きくゆっくり深呼吸を３回。準備はこれでＯＫです。

さあ、ヒーリングイメージの中であの子を想い浮かべていきましょう。

あなたが一番好きなあの子の表情を思い出します。そんな、あの子をじーっと見つめて

ください。

あなたの目があの子の姿を覚えています。あなたを見つめるあの子の表情、満面の笑み、ぶんぶん振っているしっぽ。あなたの目が覚えています。

あの子を見つめたときの首の角度、あなたの首が覚えています。

オヤツがほしいときの「きゅ〜〜〜ん」というかわいい声、「にゃあ〜〜」という愛らしい声。あなたの耳が覚えています。

抱きしめるとしっぽをパタパタ鳴らす音、目を細めてゴロゴロとのどを鳴らす音。あなたの耳がちゃんと覚えています。

懐かしいあの子の匂い。ミルクのような甘い匂いも、お日さまのような干した匂いも、年をとった加齢臭さえあなたの鼻は忘れません。どの匂いもあの子が生きた証です。

全て思い出して、あの子をなでてあげましょう。イメージの中だって実際になでているのと変わりません。

いつもなでていた後頭部の曲線、頭から背中、お尻、シッポへと続く身体のライン。胸のふさふさ、足の太さ、耳の厚み、おひげ、どこを触ってもあなたの手が覚えています。だっていつもいつも触っていましたから。あなたの手がその優しさを覚えています。

そしていつものように見つめ合って、言ってあげてください。

「大好き」「愛してる」って。

その子はなんと答えるかな。きっともうあなたには聞こえるはずです。何かがポン！と頭に響きます。

それはどんな言葉でもあなたの中から出て来た、あの子の言葉。あなたを通して、出てきたあの子の言葉です。

言葉をキャッチできても、できなくても、あの子に「〇〇〇を教えてくれてありがとう」とお礼を言ってあげてください。

出会った奇跡に感謝します。

至福の時間、極上の時を共に送れたことに感謝します。

最後は、あなたとその子が光りの中で統合されていくようなイメージで、静かに目を開けて、深呼吸を3回して終えましょう。


どうしても「ごめんなさい」しか出てこないという方は、先に抱えているごめんなさいを全て言います。必ず実際に言葉にしてください。

「最後に病院で逝かせてしまって、ごめんね」

「痛いのを、苦しさをとってあげられなくてごめんね」

「あんなことをしてしまって、ごめんなさい」

なんでもいいのです。抱えているごめんなさいを全て出します。

次に、一つ多いありがとう、を伝えます。

「私のもとに来てくれて、ありがとう」

「いつもお留守番をありがとう」

「辛い治療をさせてくれてありがとう」

「この世にこんなに愛おしいものがあると教えてくれてありがとう」

うちの子に対しては必ず「ごめんなさい」より「ありがとう」のほうが多いはずです。

ごめんなさい、の後は、一つ多い、ありがとうを伝えます。


このヒーリングも、百聞は一見に如かず。

ぜひ、実際にやってみてください。必ず、あなたの中で何か発見がありますよ。

こうしてこの世の五感を通して、あの世のあの子を感じるのは、とても楽しい作業です。難しく考えないで、そんな怖い顔をしないで。さあ、笑って！　楽しくやりましょうよ。せっかくあの子を感じるチャンスなのですから！

第9章

死に光を当てるとき

死に光を当てる

近年、クオリティー・オブ・ライフという言葉をよく耳にします。ただ生きるのではなく、自分らしい生き方や幸せを感じる生き方を考えていこう。そんな意味として使われることが多いようです。

また最近は「いかに生きるか」と生に対する前向きな考えばかりでなく、クオリティー・オブ・デスという「どう死に逝くか」どうしたら自分らしい死に方ができるか？　死を迎えるまでどのように過ごすか？　そんな、人としての尊厳を考慮した概念も誕生し始めています。

それは人にかかわらず、もちろん犬猫も同様です。終末期を迎えるときも、ただ生きながらえているのではなく、その子の生活の質を考えてあげよう。長さではなく生活の質。そんな考え方はうちの子と私たち、双方にとって大事なことだと思うのです。

これは死を忌み嫌い封印し恐ろしいものとし、生こそが素晴らしいものと、生ばかりが肯定・称賛されやすい日本の風潮では、画期的かつ重要な思考ではないでしょうか。いつかは死ぬのです、全ての生物は。死を忌み嫌い敬遠してしまうと、いつか必ず来るはずの死から逃れよう離れよう、そんなことばかりに囚われてしまいがちです。

いつか迎える死から目をそむけずに、対峙しその質や意味を考えてみる。それはうちの子たちが末期を迎えるときに、「とにかく生きていてほしい！」という一心から、苦しさを伴う延命や過剰医療に、私たち飼い主が傾倒することへの抑止力になるのではないかと思っています。


私の祖父はプライドの高い人でしたが、最後は病院でこれでもかというほど、全身にチューブをつけられていました。最後に私が見舞ったとき、祖父は泣きながら「家に帰りたい。もうたくさんだ」「このチューブを全部とってくれ」と私に懇願したのです。その本人が乞う亡くなり方を、叶えてあげることができなかったのは今でも無念の思いです。

本人の意志に反する延命措置はときとして、親族や医療側の意向だったりすることがあります。それはまるで犬や猫たちの意志と相反して、私たちが「とにかく生きていてほしい！」と望む行為とダブって見えるような気がします。

生にだけしがみつき、生きることだけを称賛していると、私たちは大事なうちの子の末期の判断を誤ることになるかもしれない。

死にゆく身体をそのまま死に向かわせる。その自然な行為はなぜそんなに忌み嫌われてしまうのでしょう？　本人の意志や尊厳を尊重し、苦しい身体から解放されること。それはそんなに無情なことなのでしょうか。

役目を終えていく身体に任せる。いつのまにかそんな自然な受容はどこかにいってしまい、とにかく生かし続けたい！　そんな飼い主たちの熱情はときとして暴走し、歯止めが利《き》かなくなることがあります。この子の意志はどこかに置いていかれたままで。

死にゆく身体を、何とか生かそうとする私たちのその行為は、一体誰のためなのか。生だけを熱望する私たちは、いつもなら阿吽《あうん》の呼吸でわかっていた、あの子の言葉も聞こえなくなっていくのです。生かし続ける、それしか見えなくなってしまうから。

もちろん、「まだ自らごはんを食べる」など、うちの子の生への意欲が明確ならば、前向きな治療も功を奏するのだと思うのです。奇跡のような生き方が、まだまだできる力があるのです。

ですが、あなたのあの子が「ママ、苦しい。無理にお薬もご飯も食べさせないで」「もう嫌なの。何もしないで。静かにおうちで過ごさせて」そう言い始めたとき。

末期のうちの子の意志と、どうしても生かしたい私たちの気持ちとの差異。その差異はのちに「生きていてほしいあまりに、あの子の嫌がることばかりをして逝かせてしまった。後悔してもしきれない。私は私を許せない」という自分への激しい怒りと自己嫌悪を引き寄せることになりがちです。その怒りはやがて怨嗟《えんさ》となり、長年自身を後悔の牢獄に閉じ込めることになりかねません。

愛されて幸せな人生を送ったはずのうちの子なのに、後悔とごめんね、ばかりの言葉しかかけられず、愛情をそそいだ飼い主たちも自己嫌悪の暗闇に閉じこもる。

どうかそんな人生を送らないで。

生が光で死が闇なのではありません。

生が輝かしいものであるように、死もまた光に向かって昇天して行くものなのです。

この章では死の側から角度を変えて、また俯瞰して死に光を当ててみましょう。

①天使の住処は地上にあらず

「妙玄さん、うちの子、本当に天使のような子だったのに、たった4年で逝ってしまいました。私がもっと早く気づいてあげられていたら」

「この子は3頭いる犬の末っ子ですが、本当にかわいくてかわいくて。なんでこんなにかわいい子がいるのだろう、そんな子でした。突然病気になって2歳で死んでしまうなんて」

ご供養の現場では、そんな若くして亡くなる子を嘆く飼い主さんたちもたくさんいらっしゃいます。

「うちの子には健康で長生きしてほしい」そして「最後は苦しまないで逝かせたい」この2つはほとんどの方の心からの願いです。

ですが、寿命と逝き方。どちらもいくら飼い主でも獣医師でも、私たち人間がコントロールすることはできません。そこはもう人間の力の範疇《はんちゅう》を超えた神さまの領域。神さまとその子の間の約束事です。いくら飼い主でも介入することはできません。

でもでも、でも私たち飼い主はどうしてもその二つにすごく執着するのです。

「長生きはいいこと、素晴らしいこと」反対に「早死にはかわいそうなこと、無念なこと」この考えは世界共通のものであります。ゆえに、うちの子が長生きできず亡くなったとき、「うちの子が短命だったのは私の責任」と自分を責める飼い主さんも多いのです。

果たして、若くして亡くなることは、そんなにかわいそうなことなのでしょうか？

私は施設でたくさんの子の死を見ていると、「いい子ほど短命だなぁ」「なんでこんないい子がこんな病気に」そんなふうに思う場面が多々あります。

私たちはうちの子がたとえ20歳で亡くなっても泣くのですが、若い年齢で逝かせることは、飼い主としてやはり「自分がもっと見てあげていれば」「早く気がついていたら」と自責の念に苦しみます。

そして若くして夭折《ようせつ》した子に対し、「天使のような子」「本当にいい子」「特別な子」そんな表現をする方が多いのです。

私はそんな天使と形容される子たちのお話を聞くたびに、「天使の住処《すみか》は天界なんだもの。長く地上には住めないよなぁ」と思うのです。

施設にも、まさにザ・エンジェル！　といった幼猫がいました。

熊本地震で被災した白血病母子感染の「たか」というオスの幼猫。

もちろん白血病キャリアとわかって引き取っていますが、たかは施設に来たときから、なぜか？　愛さんと私のハートをわしづかみにしていました。

愛さんが旧施設で数いる猫の中で「猫ならにじお」という猫に似ているせいもありましたが、どうもそれだけではなく、たかは愛さんと私限定でまさに天使に見えた子でした。

白血病母子感染キャリアの子は、ほとんどが3歳までに白血病を発症して命を落とすといわれています。そんな通説の通り、施設で保護したキャリアの子猫はみな2～4年で亡くなって逝ったのです。この子たちはみなその幼く儚《はかな》い時間の中に、全ての命の躍動感を凝縮した人生のように見えました。たかも同様にその限られた時間の中に、全ての愛らしさを詰め込んでいる、そんな天使性を持った子でした。

たかは施設に来てから愛さんに溺愛されて、超えこひいきされて半年で逝ったのですが、そんなたかを見ていて「天使が私たちを選んでくれただけでも、光栄なことだなぁ。天使のお世話ができただけで、私たちは本当にラッキーだ」そんなことを思いました。

また、「やはり天使はあまり長い時間、地上にいられないのだな」そんなことも同時に感じたものです。

猫の話になりますが、白血病母子感染の子は、飼い主側もその寿命の短さをある程度知らされます。ですが近年多い、FIP（猫伝染性腹膜炎）の場合は今まで元気だった子が、突然病気を告げられ、たいていの場合、進行が非常に早く、とても短い期間に重篤に至るので、私たち飼い主をパニックに陥れます。

（FIP：コロナウイルスの保有からウイルスが突然変異をして発症する腹膜炎。致死

オスの幼猫「たか」わずか半年で逝ってしまった

率が高く急激に発症。その要因など不明な病気）

白血病もＦＩＰも発症しないうちは健常な子と同じに過ごすことができます。ですが何かをきっかけとして発症すれば、あっというまに病状の悪化は進むのです。

この二つの病気は今でも原因や治療法がわかっていないので、不治の病として恐れられています。

ですが若いうちに罹患し進行が早いこれら猫の病気も、犬の急死の原因に多い心疾患なども、そんなに不幸な病気なのでしょうか？

私はこれらの病気で召される多くの子を看取り、この長患いする間もないこの亡くなり方は、そんなに悲惨な逝き方ではないのでは？　とも感じています。

何年も病院通いに投薬、治療、入院といった長患いの子もいれば、痛みや苦しみを伴いながら、飼い主さんがパニックになるくらい長い期間、苦しい思いをして亡くなる子もいるのです。

みんないつかは亡くなる。ならば死に対して私たち人間のように、準備や遺言を残せないうちの子たちにとって「長患いしない死」は、そんなに悪くないんじゃないのかな。そんなとらえ方があってもいいように思えます。

「ママ、美味しい！」「パパ、大好き！」「ママお散歩、楽しかったね」

言葉をしゃべれないうちの子たちは、その毎日の生活の中で、たくさんの遺言を残すのです。

若くして逝ってしまった子は、凝縮した人生を駆け抜けて行くのです。まるで天使が限られた時間の中、彼らが選んだ飼い主のもとで、常に命がきらめく。だからこんなに愛おしさが爆発するのではないかと、私は思っているのです。

ですので、あなたの大事な子が、このような重篤で命の期限が限られた病気になったとしたら、それでもなんとかならないかと、1日中ネットの検索ばかりに時間を使わないでください。その子と過ごせる貴重な時間なのですよ。どうかネットではなく、その子を見てあげてください。残された時間をその子と一緒に過ごすことに使ってあげてください。あなたの大事な子のために。そして、あなたのために。

若くして亡くした子がいる方は、どうぞそんなに悲しまないで。天使はそんなに長い時間、地上にいることはできないのです。そんな天使があなたを選んで来てくれて、たくさんの学びとあふれる幸せを置いて逝ってくれたのです。

その子は決して早死にした、かわいそうな子ではありません。天使なのだから仕方がないのです。

私たち人間が水中という、いつもは住んでない空間では、ほんの少ししかいられないのと同じこと。

そしてあなたは、うちの子を早死にさせてしまった飼い主ではなく、天使に選ばれた幸運な飼い主なのですよ。

②死をうちの子の側から見てみる

「玄関から走り出てしまって、私の目の前で車にひかれてしまったんです」

「朝はいつも通りにしていたのに、夕方会社から帰宅したら亡くなっていたんです」

そんな事故死や急死もまた、飼い主さんの深い後悔と苦しみを生み出します。

特に事故死はご本人が言うように、飼い主の過失や不注意によることが多くあげられます。たとえ不可抗力や、思いもしないことに起因した事故死でも、私たちは「仕方なかった」とは到底思えないのです。

あの子は健康で病気もなくとても元気だったのに、私の不注意で死なせてしまった。後悔してもしきれない。

「私がもっと気をつけていれば」そんな取り返しのつかない思い、いきなり亡くなってしまったあの子への贖罪。そして自分を許せないという怒り。

確かに自分の過失によって、何よりも大事な子が見の前で事故に遭う。この光景は飼い主さんにとって残酷です。

それは確かなことなのですが、事故死を正面ではなく裏側から見てみましょう。

事故死とは＝事故で即死を意味します。即死でなければ、脊髄損傷とか横隔膜破裂とか、脳挫傷とか病名が付きます。

交通事故死の場合、その子はほんの１秒前まで元気だったのです。

「わぁーーー♪」って走って行って、それこそ本当に一瞬で亡くなった。

今、元気な人が急に亡くなる。これを私たちは何と呼んでいるのでしょう？

ピンピンコロリ。またはポックリ。

私たちは自分の死に方の希望を問われたら、「そりゃ、ピンピンコロリが理想だわ」「苦しんだり長患いしないで、ポックリ逝きたい」多くの方がそう答えます。

長患いしたい、苦しんで逝きたい、そう答える人はいないでしょう。

ですが、この事故死をした子が、もしここで亡くならず長生きをしていたら、癌やリンパ腫、心臓・腎臓・肝臓などの病気、神経障害、脳梗塞、失明、排泄障害、寝たきり。どれも病院に通い、投薬、入院、手術と闘病の日々を送るのです。そして少しずつ身体が機能を止めるまで、私たちはこの子の衰えていく姿を見守りながら、泣きながら祈りながら長い時間をかけて送るのです。

その子は事故死でなければ、いつか死ぬ日をそんなふうに迎えた、と考えるほうが自然ではないでしょうか？　私たちの子は圧倒的に「病死」が多いのですから。

事故死というのは、飼い主さんにとっては耐え難い後悔の死ですが、うちの子にとっては、１秒前まで元気に走っていたピンピンコロリ・ポックリな死です。

私はうちの子の側から死を見たら、悪くない逝き方だと思うのです。いつか迎える死を元気なまま、痛みや苦しみを感じるまもなく死んで逝くのですから。

「でもまだ若く元気だったのに、まだまだ寿命があったのに」そんなことをおっしゃっていた方もいらっしゃいました。

「まだまだ寿命があった」果たしてそうでしょうか？

「その子はまだまだ生きられた」のではなく、そこが寿命だった。そんな考え方もあるのではないでしょうか？　だってその子の未来なんて私たちには予言ができないのですから。

仏教では寿命を「定命《じょうみょう》」定められた命といいます。

私はどんな死もみな、定命と思っています。ですからご供養のときに、事故死の子も急死の子も「享年・天寿満願」とお読みします。

以前、わんこのご供養の際に「私が投げたボールが道路に飛び出てしまい、それを追ってはねられたんです。私その光景が忘れられなくて。もう何年も経ちますが、私は私を一生許せないです」と鬼のような形相で、おっしゃっていた方がいらっしゃいました。

「その子は病気でしたか？」とお聞きしたら「いいえ？　すごく健康で元気でした」との

お答えでした。

「でしたら、事故の1秒前まで元気いっぱいで、痛みを感じるまもなく逝ったんですね。ピンピンコロリでしたね。ぜんぜん苦しまない死ですね」とお伝えしたら、その方はビックリして目を大きく見開きポロポロと涙をこぼし、「そんなふうに言ってもらえるなんて。私、ずーーーっと自分を責めていたのに。私が殺したのだと思っていたのに」と声をあげて泣かれていました。

「慰めを言っているわけではないんですよ。状況から事実を解説しただけです」そうお伝えすると「そうですね。ホントですね。でもそんな考え方があるなんて。後悔は一生消えないかもしれませんが、長年自分が憎んでいた憎しみを、今ストンと降ろせたような気がします」そう微笑まれたのが、とても印象的でした。

事故死はペット側からのほぼ苦しまない死と違い、飼い主さんが長く苦しむ亡くなり方ではあるのです。

ですが死というのは、いつも私たちが見ている側からばかりでなく、うちの子の側から見てみると、また別の意味が出てきます。

それでも事故死や急死は飼い主さんの後悔を呼ぶものです。事故死は飼い主側の不注意が原因であることが多いからです。そのことに対しての後悔や反省は不可避です。ですが、ずーっとずーっと、その重責を持ち続ける必要はありません。

そんなときはぜひ、今まで撮ったたくさんのうちの子の写真を見てください。そこにその子の人生の答えが写っていますよ。

亡くなるときのほんの一瞬がその子の人生ではありません。出会ったときからうちの子とのたくさんの物語。それこそが文字通りあの子の人生の証拠写真です。

あなたのあの子は、たくさんの写真の中でどんなお顔をしていますか？

③最悪な死が最高の死へ変わるとき

そんなクオリティー・オブ・デスの話を最後に、こよなく犬猫を愛した一人の男性を例に話してみたいと思います。

今の施設が三重県に移転する前、旧施設は河川敷の近くにあり、都心で唯一ホームレス集落が残る場所でもありました。

ホームレス生活者とはいえ、人がいるところには無力な動物が捨てられます。橋から投げ捨てられる子猫。走行中の車から放り出される犬。河川敷にそのまま放たれる室内育ちのウサギ。冬の川に捨てられる南米原産の爬虫類。

人の良心や道徳もまた泥にまみれて捨てられる。河川敷はそんな場所でもありました。

そのような場所で愛さんは25年以上、寄付も募らず自費で捨てられた動物たちを保護、治療、里親探しするという保護活動を続けていました。

そんな愛さんの施設を手伝うようになった２００９年６月。施設には犬猫を始め、タヌキ・ハクビシン・カラス・亀・アヒル・ウサギ・烏骨鶏とさまざまな捨てられた動物が保護されていて、その数、合計１５０以上！　そんなとてつもない数に膨れ上がっていたのです。個人の施設としてはよく多頭飼い崩壊をしなかった、という無茶な頭数ですが、勝手に置いていく人も多く、どうにもならない状態でした。

そんな施設の掃除や動物たちの世話を、愛さんが仕事に行っている間に手伝いに来ていたのが、河川敷に住むホームレスの高原さん（仮名・当時60歳）です。

高原さんはホームレスではありますが、動物に深い愛情を持っている珍しい人。愛さんから施設手伝いの十二分なお給料をもらいつつも、まだ日が昇らないうちから空き缶集めに行き、それを売ったお金など全ての収入を、河川敷に捨てられた猫たちのご飯やりにそそいでいました。

台風、極寒、酷暑、大雨、どんな天候であっても、ほぼ20年もの間、河川敷の猫たちの配膳をただの1回も休まず続けていたのです。

ホームレス生活には様々な理由があるものですが、共通しているのが道徳の欠如やコミュニケーション不全です。高原さんもそんな一人で、人間嫌いを公言していました。

現代の社会からドロップアウトした彼ですが、唯一、犬猫に対しては深い憐憫《れんびん》の情と情熱を持ち合わせていて、施設が火事のときも、台風で浸水したときも、わが身をかえりみず施設の犬猫たちを助けてくれたのは、愛さんの他には高原さんだけでした。彼は犬猫を助けるためには、どんなに自分の命が危険な場面でも、なんの躊躇もしないのです。

それは家族や社会との関係も持たないためか、反対にとてつもなく聖なる行為なのか。その区別がつかないのですが、とにかく犬猫のことに対しては「絶対」という信頼がある貴重な人物であります。

そんな高原さんは本当によく、河川敷に捨てられた動物たちを見つけては、愛さんの施設に連れて来たのです。ホームレスという立場上、彼からしたら仕方のないことだとはいえ、ひと腹《はら》5~6匹の赤ちゃん猫や瀕死のタヌキ、事故で重篤な猫など、負傷動物を際限なく愛さんの個人施設に持ち込んでくるのです。

その莫大な医療費や居場所の小屋作りなど、全ての費用を愛さんや私が捻出せねばならず、大騒動の連続です。高原さんは私たちにとっては脅威の貧乏神であったのですが、見つけてもらった動物たちにとっては、まさに救いの神でありました。

愛さんの年齢や体調もあり、三重県に施設を移転するときも、河川敷に残る高原さんのことは、本当に心配でした。愛さんがいなくなったからと、捨てられる動物がいなくなるわけではないのですから。

愛さんの施設移転後も高原さんは、空き缶集めで生計を立てながら、河川敷で猫たちの配膳を続けていました。そんな姿を見て、一緒にＴＮＲ（Trap＝捕まえる、Neuter＝不妊手術、Return＝元の場所に戻す）や、ご飯やりを協力してくれる方もいてくださったのです。

社会からドロップアウトし、人間嫌いを公言していた彼が、猫の世話を通じて、いろいろな人情を感じながら、小さな命のレスキューを連携していくうちに、彼はまるで脱皮したように、いつのまにか人を信頼したり、協力したりということを学んでいたのです。

ですが高齢のホームレスという彼の立場を考え、関わる猫たちを減らすように、いつも

私たちは彼をたしなめていましたが、

「ご飯を欲しそうにウロウロしている新しい猫がいたら、あげない訳にはいかないよ〜」

「河川敷の子はこれが最後の食事になるかもしれない。今までご飯を食べに来た子でも、また次に来られるかわからない。いつもこの1食がこの子にあげられる最後のご飯かもしれないから」

そう言われると、その至極真っ当な言い分や、その行為に返す言葉がありません。

彼はホームレスの身でありながら、施設が移転した後は、ご飯をあげる猫には捕獲器をかけ、アルミ缶を集めたお金で不妊手術もしていたのだから。

愛さんが河川敷にいた頃は、猫に何かをする人を見ると喰ってかかっていた高原さんですが、愛さんがいなくなった後では、猫のことや他のことで何か嫌なことがあっても、言い返さずじっと我慢をしていたそうです。

「猫がいるからね。俺がいない間に何かされたら大変だから」そういって。

何か理不尽なことを我慢する。きっとこれは高原さんが家族や社会の中ではできなかったことでしょう。これができて、これをバネにして私たちは成長していくのです。高原さんは人間社会からは学べなかったことを、自分が助けた猫たちのお陰で学んでいったのです。

ホームレスの高原さんと河川敷の猫たち。お互い持ちつ持たれつ、支え合って寄り添い合ってともに生きていたのです。

施設が移転した後も毎年一番寒い時期（子猫がいない時期ね）に、自身の手術を重ねる愛さんの代わりに、私は高原さんを訪ねていました。山ほどの防寒具にお弁当、なんとか工面した少しまとまった現金を渡すために。

夕方、河川敷の土手の上で待っていると、いつも自転車に山ほどのお皿を積んで高原さんは現れます。豪雨でも台風でも極寒、灼熱でも、必ず彼は現れるのです。

「高原さん！」私が声をかけると、彼は毎回とても嬉しそうに歓迎してくれました。

開口一番に「身体は大丈夫？　痛いところはないですか？」そう聞くと、決まって彼は「悪いのは頭だけよ～」と相変わらずのオヤジギャグで返して来る。そんな高原さんの身体を案じ、後ろ髪を引かれながら都心の河川敷を後に、三重県に戻ります。

河川敷の暮らしは過酷を極める。電気もガスも水道もなく、自分の身も小屋に居ついた猫たちを守る境界もないのだから。

今、元気な高原さんもいつかは動けなくなる日が来る。彼は令和元年に70歳になったのだから。私が気に病んでいるのは、高原さんが動けなくなったときに、河川敷に残した自分の猫を思う彼の心情でした。

彼はエサやりの外猫の他に、4匹の老猫とリッキーとクッキーという兄妹の幼猫たちと河川敷の自分の小屋で暮らしていました。

リッキーとクッキーは橋の上から河川敷に投げ捨てられたところ、高原さんが見つけ、病院に連れて行き保護した子猫。手厚い看護を受け、順調に回復した2匹の子猫は、里親先から返されてからというもの、自転車で河川敷の猫たちのエサやりに回る高原さんのあとを、まるで犬のように、どこまでもどこまでも付いて回ったといいます。

自由で愛らしい光景ですが、そんな愛おしい猫と暮らせば暮らすほど、彼の身体が動かなくなったときどうなるんだろう？　たとえご飯はもらえても守る人がいない河川敷は、危険だらけなのは彼が一番知っているのだから。

私はそんな高原さんの近い未来がいつも心配でした。うちの子を河川敷に残してきたまま、自分が動けなくなってしまう、こんな恐怖はありません。今まで自分の身体をかえりみず、動物たちを助けてきた高原さんが、そんな何よりも辛い境遇になるなんて。福祉も受けずにいる彼は、きっと不安で眠れない夜もあるのではないだろうか。高原さんの未来を思う時はいつも切ない。

そんなときに近年大型化する台風の中でも、未曾有の超巨大台風が列島各地を直撃。河川敷には何十台もの消防が出動し、ホームレスたちはもちろん、周囲のマンションにも最終的には4階以上への避難勧告が出たのです。

高原さんは周囲の人からの避難勧告に耳を貸さなかった。

「うちの子だけじゃなくて、河川敷の猫たちがいるから避難できないんだよ。何かあったとき助けてあげないと」

そう言う彼は数年前の大型台風のときも、増水した川辺で木にしがみついていた猫を、愛さんと一緒に何匹も救助していたという前例があったのです。

「今までもこのくらいの台風は来ていたから大丈夫」

そう言い残して、河川敷沿いの自分の小屋に入っていったそうです。

その後、川はみるみる濁流となり土手を超えて氾濫。この台風は観測史上初めてという様々な記録を更新。日本列島に大災害の爪痕を残したのです。

台風の数日後、私は高原さんに支援金を持って河川敷を訪れました。数日たっても河川敷はまだ水が引かず、私がよくご飯をあげに通っていた猫ロードはすっかりと地形が変わってしまい、何がどこなのかさえもわからない状態になっていました。

高原さんの小屋は跡形もなく、ただ地面に彼が屋根にしていた見慣れた絨毯がこびりついていました。

河川敷は延々と地形が変わるほどのダメージで壊滅状態。まさにそのひと言で。そして、いつもはいるはずの高原さんがどこにもいないのです。

「ドクン」自分の心臓の音が聞こえた気がした。

河川敷には一人のホームレスの姿もなく、猫の姿も見かけなかった。そして猫のご飯場も一つもない。

高原さんが生きていたら、彼は必ず猫にご飯を配りにやってくる。泥をかき分けても地形が変わっても、ご飯や寝床をすぐに作り、いなくなった猫たちを探し続けているはずです。

周囲の方の話では、台風のあと誰も彼の姿も、彼の猫たちの姿も見た人がいないのです。それは高原さんが自分の猫たちと一緒に、濁流に飲まれ流されたことを意味していました。

彼と一緒にTNRをしていた方は「高原さんが流される映像で飛び起きる」とずっと気に病み、何度も捜索依頼を出しに消防に日参されていました。ですが、愛さんと私は、高原さんが絶対に避難しないのを知っていました。そして、家族のことを話したがらなかった彼が、遺体捜索をしてほしくないことも。

河川敷の猫と自分の猫を守ろうとして亡くなった、ホームレスの彼の死をどう思われるでしょうか？　彼は無念で悲惨な亡くなり方をしたのでしょうか？　今までたくさんの小さな命を救ってきた高原さんは、救われない死だったのでしょうか？

彼の死を考える前に、彼の現実的な人生を考えてみましょう。

今回彼が生きながらえていたら、高齢の彼はそう遠くない未来に、加齢や病気で猫たちを置いて、河川敷を出ざる負えなくなるときがくるのではないか。またそれまでに、河川敷に暮らす彼の最愛の猫たちは、連れ去られたり、虐待され殺されたりすることだってある。また猫たちが重病になっても、十分な手当てをしてあげることができない。ここは河川敷で、彼は70歳を越えたホームレスなのだから。

彼自身、そんな不安も恐怖もたくさん抱えていたのだと思うのです。これは至極現実的な彼の未来予想図です。

一気に増水した濁流に飲まれたことは、あっというまの出来事だったことでしょう。長く患うこともなく、大切な子と離れ離れになることもなく、親兄弟と断絶した彼が、唯一の家族であるうちの子全員と一緒に逝けるなんて。それも数分前までは元気だったのです、彼も猫たちも。

自死ではなく、最愛のうちの子と一緒に逝ける。このような死の形を望む方は、私たち飼い主の中では決して少なくありません。ですが同時に、この想いは現実的でも道徳的でもないことも私たちは知っています。

猫を助けようとしての死というと、なんて惨い、なんて哀れで悲しいと思われがちですが、先が不安だらけのホームレスの彼が、うちの子と一緒にあっというまに逝けたのは、高原さんにとって最高の逝き方だったと私は思うのです。

その死は、高原さんがやってきたことに対する神仏のご褒美のようだと感じました。

それも最後の一瞬まで、小さな命たちを守り続けるという生き方を貫いて。彼にとってはまさに理想的な死であったのではないかと私は思うのです。

私は高原さんの最期をいつも心配していましたが、あれだけ身体をはって、河川敷の動物たちを助けてきた人です。この世にお金と道徳と常識がなかったら（そこがもう非現実的ですが）彼は間違いなく聖人です。

自分の命をかえりみず、小さな命を何の躊躇もせずに助けてきたのだから。

④死して希望が生まれるとき

高原さんが河川敷にいる以上、彼の最期は悲惨な思いをするのだろう、そんなことを懸念していたのに。本当に神仏の計らいは人智を超えるものですね。

そんなことを、高原さんと一緒に活動をしていたボラさんにお伝えしたら、「私、全部の猫たちと一緒にうちにおいでよって言えなかったから、ずっと後悔していたんです。でも、良かった。考えてみたらその通りですね」と泣きながら笑顔になられたのです。

そんな高原さんの死後、思いがけないことが私の身にも起こりました。

施設の子たちは、高原さんに散々お世話をしてもらった子も多い。もうヨボヨボカスカスで年中、死ぬ死ぬ詐欺をしている老猫たちに「ねえ、あんたたち、もういつ死んでもいいよ。なんたってあっちには高原さんがいるんだからね」そう笑いながら語りかける。

これからは、「高原さん！　やよい逝った！　お迎えに来てー！」「次はでんちゃん逝くからね～！」こんなふうに言える人がいるのだ。

なんというか、うちの子の死にこんな安心感ができるなんて、思ってもいないことでした。高原さんに対して感じていた「犬猫を守ることへの絶対的な信頼と安心感」。

彼の死後、それがこんな形で再発動するなんて。施設の子はもういつ誰が逝っても安心だ。なんたって最強の「ねこ神さま」が迎えに来るのだから。

あなたにもそんな、犬神さまや猫神さまがいるのではないですか？

わんこをかわいがってくれていたお父さま。にゃんこを溺愛していたお母さま。仲良しだった犬友、猫友。

あなたもたくさんの親愛なる人を送ったのではないですか？　あなたにもうちの子を迎えてくれる、そんな守護神があの世にいるのですよ。

この章の高原さんはじめ、しゃもんやみんみんといった登場人物（犬・猫）は、その全ての存在があなたと大事な子との関係を投影しています。

そして、死というものを別の角度で見ると、痛ましい、無残なことばかりではないことに気づかされます。そこには、幾多の気づき、ようやく楽になれる救い、痛みからの解放、そして生き切ったことへのねぎらい。そんな文言もあぶり出されてくるのです。

私たちはうちの子の死に方や、その時期をコントロールすることはできません。ですが死の解釈は数ある理由づけの中から、私たち自身が選択することになるのです。

その解釈によっては、うちの子の死に対して、確かな希望を生み出すことがあるのだと、私はあなたに伝えたい。

クオリティー・オブ・デスという死の側から生を見てみることは、私たちが探し求めていることの一つの答えになる。そんな気がするのです。

うちの子の生命はあの輝かしい生と同様に、死にもまた希望がある。

うちの子は死んでからが本領発揮！　なのだから。

あとがき

どんなカテゴリーに分類されるのか、よくわからない本書を最後までお読みくださり、ありがとうございます。

あなたが泣きながら天に送ったあの子にもお礼を言います。パパ、ママにこの本を勧めてくれてありがとう。私はあなたのパシリがうまくできましたか？

当書はこの世での話とこの世ではない話が振り子のように、行き来する構成になりました。どんな生にも役割があるように、どんな死にも役割があるということを、常識や通説に縛られることなく、いろいろな角度から表現させていただきました。

宝物を亡くした飼い主さんたちが現実社会に復帰しようとしても、なかなか復帰できない。気持ちに折り合いがつかない。うちの子の死という現実と、その死に意味を見いだそうともがく苦しい思いの一筋の光明になれたらいいな。そんな想いを込めました。

私たちは大事なうちの子を亡くすと、私とうちの子の世界に閉じこもり、死を嘆き悲しみ、その悲しみ以外何も見えなくなりがちです。

ですが、ペットロスは「私とうちの子だけの世界」にいたら乗り越えることは困難です。「私とうちの子だけ。そんな至福の世界」を味わったら、次は「私とうちの子と法縁の世界」というステージがあなたを待っています。

法縁とは全てにつながるご縁ですが、私たちの社会は人から助けられ、自分も他者の役に立つために学び行動するという関係性で成り立っています。

そんな他者と関わり合う、大きな世界に私たちを誘うように、ペットロスというものが存在するのではないかと私は思っています。

僧侶としてのお役目に勤めながら、また愛さんの保護活動を手伝いながら、私が体験したたくさんの生とたくさんの死。

小さな命たちは儚《はかな》くもあり眩《まぶし》くもあり、その存在は私たちを魅了します。

命たちから学んだことは、死は別れではなく、悲しいだけではないということ。

そして、あの愛らしい毛玉の入れ物から出ないと、あの子の偉大な魂は顕現しないということを。

だからこそ、うちの子は死んでからが本領発揮なのだということを。

この死への新たなる希望をあなたとシェアできたら本望です。

うちの子の身体を失うという慟哭《どうこく》の経験の底から、あなたとあの子がこの人生で一緒に何をやりたかったのか、何を成し遂げたいのか　そんなことに気づき、あの子のサポートを受けながら、あの子の死後あなたが人生の本編をスタートするきっかけになれたなら、当本のお役目満願であります。

私の琴線に触れ続けているドン・キホーテにこんなセリフがあります。


本当の恐怖とはなんだ？　本当の恐怖とは？

現実だけを見て夢をみないことやもしれぬ。

反対に夢ばかりを追い、現実を見ないことかもしれぬ。

しかし本当の恐怖とは、あるがままの現実を受け入れて、あるべき姿のために戦わない己の姿だ。


あなたのあるべき姿は、いったいどんな姿なのだろう？

あなたは何を成し遂げるために、あの子と出会う約束をして、この地に降り立ったのだろうか？

私たちの本当の恐怖とはうちの子が死ぬことではなく、悲しみのあまりにうちの子の魂を私たちの固執の檻に閉じ込めてしまうことだ、と私は思うのです。

うちの子の魂を自分の中に閉じ込めたまま誰ともつながらず、あの子の肉体の死と同時にあの子の偉大な魂も、滂沱《ぼうだ》の涙と共に幽閉してしまうこと。

これが終わったらやろう。今はできないけれどこうなったら始めよう。

いつか、いつかと言っているうちに、瞬く間に人生は過ぎ、私たちはどんどんと動けない身体になってしまいます。

「世界を変えるのは祈りではなく学びと実践です。平和のために行動してください」

ダライ・ラマ14世の言葉です。

本書がこれからあの子の志を背負って、次のステージへと果敢に歩き出す、あなたの人生の指針になればうれしいです。

そうなれたなら、私はあなたのあの子のパシリの役目を果たせたことになるでしょう。

私はあなたのあの子に伝えます。

大丈夫。あなたのママ・パパは、きっと気づいてくれるから。あるがままの自分に立ち止まらず、きっとあるべき姿のために行動してくれるから。あなたのためには何でもできたママ・パパだから。

きっと思い出してくれる。きっとやってくれるよ。

あなたのこの人生での、あるべき姿への転身に心からのエールを送ります。

熱き思いを込めて。


最後に、この新型コロナ渦の中で、世界中が熱望するワクチン開発のために、世界各国で行われている動物実験で今もなお苦しむ、本来は私たちの子同様に愛される存在の多くの命たちに。そして人類が叡智を結集させ、実験に命を使わない医療の方法を見いだせますように。

南無三界万霊　金剛合掌

野生たちと森の水辺にて　令和2年　晩夏　妙玄

謝辞

当書籍は本当にたくさんの方の尽力・協力なくしては、上梓できなかった1冊です。特に『ペットがあなたを選んだ理由』の第3弾として、長年にわたり原稿を待っていてくださったハート出版の日高社長と担当の佐々木氏には、多大なるご迷惑をおかけした年月でした。

東京の旧施設でのバタバタのハードワークから、じっくりと居を構えての三重県の新施設での生活は、十二分の執筆時間ができるだろうという思惑が見事に外れ、東京をはじめ各地への出張や、施設でのきめの細かいお世話に時間を忙殺されるという、予想外の状況を生み出しました。

はやる気持ちと裏腹に、思うように執筆の時間が取れず、焦りまくる日々を重ね、時間はもとより「死と正面から対峙するという」内容ともども難産の末の出版となりました。

ハート出版のみなさまには、心からのお詫びと共に、山より高い感謝を申し上げます。本当にありがとうございました。

また日常にて一番割を喰ったのが、施設代表の愛さんです。愛さんにはいろいろ助けていただき、また施設作業を一身に受けてくださり、本当にありがとうございました。当施設はやはり愛さんの聖フランチェスコのような博愛精神の上に成り立っているとつくづく実感しています。どうぞ健康に留意され、末永くみんなのお父さんでいてください。

そして、施設維持に多大なるご協力をくださる有形無形の御支援者さま方。ブログ読者のみなさん。施設の子の命を支えてくださる動物病院の先生方。そしていつも窮地を助けてくれる親愛なる友人やボラさん方。ここでは書ききれないほどの多くの方の応援の力で施設は支えられ、そこで生まれる悲喜こもごものドラマから、このような本が誕生することになりました。

施設維持に関わってくださる全ての方に、心から感謝申し上げます。

いつも助けてくださり、温かい応援をありがとうございます。

そして、特筆すべきは個性豊かな施設の子たちと、この自然豊かな土地で私たちと関わってくれた数多くのノラ（猫）さんたちと野生動物たち。

愛おしい施設の子も、名もなき誇り高い野生たちも、施設の四季を彩る植物や昆虫たちも、全てのこの地の生きとし生けるものたちに、感謝をささげます。

これは皆さま方が書かせてくれた命の本です。

この感動と幾多の学びを読者さま方とシェアできますことを、神仏に感謝致します。

合掌　　妙玄

本書の執筆にあたり、参考にさせていただいた書籍です。ご興味のある本がありましたら、どうぞお読みになってみてください。

うちの子を愛する方々、また保護活動をされている方々には、ペット関係の本ばかりでなく、いろいろな角度からうちの子との関係を多角的に、また俯瞰して見られるように多方面の知識の習得をお勧めします。

【脳科学の分野から】

『脳に効く栄養』（オーソモレキュラー医学）マイケル・レッサー（中央アート出版社）

『脳のしくみがわかる本』（働きから病気の原因まで）寺沢宏次監修（成美堂出版）

『心が脳を変える』（脳科学と心の力）ジェフリー・M・シュウォーツ（サンマーク出版）

『快感回路』（なぜ気持ちいいのか　なぜやめられないのか）デイヴィッド・J・リンデン（河出書房新社）

『脳はみんな病んでいる』（哲学する脳科学）池谷裕二　中村うさぎ（新潮社）

【科学・量子力学から】

『掌の中の無限』（チベット仏教と現代科学が出会う時）マウチ・リカール（チベット仏教僧侶）&チン・スアン・トゥアン（天体物理学者）（新評論）

『量子論から解き明かす「心の世界」と「あの世」』（物心二元論を超える究極の科学）岸根卓郎（ＰＨＰ研究所）

『意味への意志』（科学の多元論と人間の統一性）Ｖ・Ｅ・フランクル（春秋社）

『ニュートン』（科学雑誌）各部（ニュートンプレス）

【化学・生物学から】

『動物学者が死ぬほど向き合った「死」の話』（生き物たちの終末と進化の科学）ジュールズ・ハワード（フィルムアート社）

『生き物の死にざま』（すべては命のバトンをつなぐために）稲垣栄洋（草思社）

『理解しやすい生物Ⅰ・Ⅱ』（参考書）水野丈夫　浅島誠（文英堂）

『やりなおし高校の化学』（参考書）齋藤勝裕（ナツメ社）

【虐待者側の心理から】

『無差別殺人の精神分析』（犯人たちの心のメカニズム）片田珠美（新潮社）

『殺人者たちの午後』（なぜ殺すのか？　殺人者たちの告白）トニー・パーカー（飛鳥新社）

【宗教・スピリチュアルから】

『瞑想力』（生き方が変わる四つのメソッド）千光寺住職・大下大圓（日本評論社）

『密教経典』（真言密教の根本経典）中村元（東京書籍）

『優しさと強さと』（アウシュビッツのコルベ神父）早乙女勝元（小学館）

『迷える霊との対話』（米医学博士の精神治療プログラム）C・A・ウィックランド（ハート出版）

塩田妙玄 しおた・みょうげん

高野山真言宗僧侶／心理カウンセラー／生理栄養アドバイザー／陰陽五行・算命師
前職はペットライター、東京愛犬専門学校講師、やくみつるアシスタント。
その後、心理カウンセリング、生理栄養学、陰陽五行算命学を学び、心・身体・運気などの相談を受けるカウンセラーに転身。より深いご相談に対応できるよう出家。飛騨千光寺・大下大圓師僧のもと得度。高野山・飛騨で修行し、現在高野山真言宗僧侶兼カウンセラー。個人相談カウンセリング、心や身体などの各種講座、ペット供養などを受ける。
著書に『だから愛犬しゃもんと旅に出る』(どうぶつ出版)、『ペットがあなたを選んだ理由』『捨てられたペットたちのリバーサイド物語』『ねこ神さまとねこおやじ』(ハート出版)、『40代からの自分らしく生きる体と心と個性の磨き方』(佼成出版社)。原作に『HONKOWAコミックス　ペットの声が聞こえたら』シリーズ〈生まれ変わり編〉〈奇跡の楽園編〉〈あなたのやさしい手編〉〈虹の橋編〉〈愛の絆編〉〈保護犬・保護猫奮闘編〉(画・オノユウリ／朝日新聞出版)

「妙庵」ホームページ　http://myogen.o.oo7.jp
ブログ「ゆるりん坊主のつぶやき」

ペットたちは死んでからが本領発揮！

令和２年11月１日　第１刷発行
令和２年12月10日　第２刷発行

ISBN978−4−8024−0093−0

著　者　塩田妙玄
発行者　日髙裕明
発行所　ハート出版
〒171-0014 東京都豊島区池袋3−9−23
TEL. 03−3590−6077　FAX. 03−3590−6078

印刷・製本／中央精版印刷　　編集担当／佐々木

捨てられたペットたちのリバーサイド物語《ストーリー》

——いのちを救う保護施設——

“ねこ探知機” の愛さんとは何者か？
ホームレスの手は “神の手” か!?
小さないのちをめぐるドタバタ人間模様。
笑いあり涙あり、今日も坊さんの悲鳴が上がる！

第１話　奇跡のゴロー
第２話　ビビリ屋ちびり
第３話　猫ならにじお
第４話　施設の犬たち
第５話　事件の謎は藪の中
第６話　引き寄せられた３匹の猫
第７話　犬ならジャイコ
第８話　あかりばあちゃんの介護日記
第９話　骨折の小夏がつむぐ縁
第10話　老ホームレスと犬のコロ・クロ

四六並製 272頁　本体1600円

ねこ神さまとねこおやじ

——あなたの知らない河川敷でのホントの話——

もう段ボールは見たくない！
捨てられる命と押しつけられる命
ホームレスおやじたちのトンデモ事件簿

第一話　天下無敵のカニカマおやじ
第二話　猫使いと警官の仁義なき戦い
第三話　猫のエサやり命に五分の魂
第四話　伝説のボス猫と愛しき男たち
第五話　暴走老人の猫くらまし
第六話　ローンウルフに猫の遺言
第七話　神の入れ物を運ぶ仕送りおやじ
第八話　酔っ払い人生の珍百景

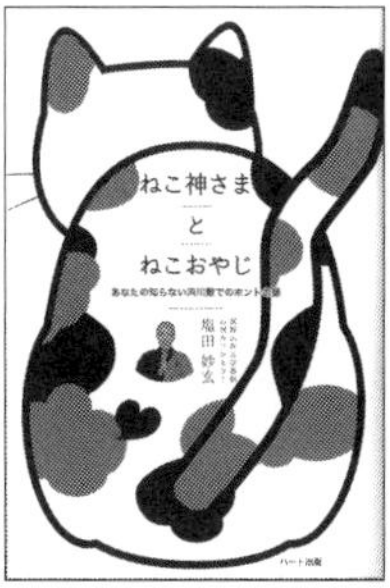

四六並製 302頁　本体1600円